Bourguignat

Recensement des Vivipara, etc....

1880

RECENSEMENT

DES

VIVIPARA

DU

SYSTÈME EUROPÉEN

RECENSEMENT

DES

VIVIPARA

DU

SYSTÈME EUROPÉEN

PAR

M. J. R. BOURGUIGNAT.

PARIS
IMPRIMERIE ET LIBRAIRIE DE Mme Ve BOUCHARD-HUZARD
JULES TREMBLAY, GENDRE ET SUCCESSEUR
RUE DE L'ÉPERON, 5

MAI 1880

En 1862, j'ai donné dans mes Spicilèges malacologiques (de la page 123 à 133), une Notice sur les Vivipara d'Europe. J'ai décrit et fait représenter 5 espèces :

Les Vivipara contecta,
— fasciata,
— pyramidalis,
— mamillata,
— acerosa.

En 1870, dans ma Faune du bas Danube, faune insérée dans les Annales malacologiques du Dr G. Servain, j'ai porté, sans compter l'*unicolor* d'Égypte, les Vivipara d'Europe à 15 espèces, savoir :

Les Vivipara	contecta,	Les Vivipara	subfasciata,
—	Costæ,	—	fasciata,
—	mamillata,	—	Duboisiana,
—	occidentalis,	—	atra,
—	fluviorum,	—	Danubialis,
—	Penchinati,	—	amblya,
—	pyramidalis,	—	microlena.
—	acerosa,		

Enfin, en ce moment, grâce aux envois de mes nombreux amis, grâce surtout aux magnifiques découvertes du conseiller Letourneux, je puis présenter un ensemble d'une quarantaine d'espèces.

Ce chiffre, à première vue, peut sembler élevé. Je crois, cependant, qu'il sera bien petit, à côté de celui auquel pourront atteindre les *Vivipara*, lorsque, dans quelques dizaines d'années, les vastes contrées inconnues de la Turquie, de la Russie méridionale, et surtout de l'Anatolie, auront été explorées avec soin.

J'ai exposé, en 1862, dans ma première Notice, insérée dans les Spicilèges, les motifs qui m'avaient déterminé à rejeter le nom de *Paludina*, pour reprendre l'appellation plus ancienne de *Vivipara*. Je ne reviendrai pas sur ce sujet.

Les Vivipara qui me sont actuellement connus, appartiennent à sept groupes différents. A chacun de ces groupes, j'ai donné le nom de l'espèce la plus ancienne ou la mieux caractérisée.

A. CONTECTIANA.

Espèce à coquille conique, médiocrement allongée, très ventrue, possédant des tours *renflés-arrondis, méplans à leur partie supérieure*, *séparés par une suture très profonde* et paraissant *comme étagés les uns au-dessus des autres*. Pointe du sommet très aiguë, proéminente.

VIVIPARA CONTECTA.

Cyclostoma contectum, *Millet*, Moll. Maine-et-Loire, p. 5, 1813.

Vivipara contecta, *Bourguignat*, Vivip. d'Europe, in Spicil. mal., p. 126, pl. x, f. 2, 1862; in Ann. malac., I, 1870, p. 46 et 55.

Le type de cette espèce, que je possède des localités signalées par Millet, est caractérisé par une coquille conique très ventrue, à tours renflés-arrondis, méplans à leur partie supérieure, et séparés par une suture si profonde, si creusée, qu'ils paraissent comme scalariformes. J'ai donné, dans mes Spicilèges (pl. x, f. 2), une représentation exacte de la *contecta*.

Parmi les auteurs, ceux qui me paraissent avoir fait figurer cette espèce d'une façon reconnaissable, sont :

Draparnaud (Hist. moll. France, pl. I, f. 16, 1805), sous le nom de Cyclostoma viviparum.

Rossmässler (Iconog., I, 1835, f. 66), sous le nom de Paludina vivipara.

Forbes et Hanley (Brit. moll., III, 1853, p. 8,

pl. LXXI, f. 16), sous le nouveau nom de Paludina Listeri.

Nordenskiöld et Nylander (Findl. moll., 1856, pl. V, f. 59), sous le nom de Paludina Listeri.

Reeve (Brit. moll., p. 194, 1863), sous le nom de Paludina contecta.

Etc.

Les figures de la monographie de Kuster ne peuvent se rapporter à la *contecta*, elles représentent des formes plus allongées, à tours moins renflés-arrondis, non méplans à la partie supérieure, à suture moins profonde. Ces figures conviennent mieux à certaines formes danubiennes.

Moquin-Tandon (Hist. moll. France, 1855), et M. l'abbé Dupuy (Hist. moll. France), ne me paraissent pas avoir connu cette espèce.

Je possède la *vraie contecta* des localités suivantes : fossés de Tournemine et de Reculée, à Angers. Étang de la Bazouge de Chemeré (Mayenne). Étang de la Cerisaye, près Rambouillet. — Manchester, en Angleterre. — Marais de la Drave, à Esseg (Croatie). La Save, à Agram, enfin le Danube, à Belgrade et à Ibraïla.

Les variétés qui méritent d'être signalées, sont :

1° VAR. B. INFLATA. Paludina inflata, *Villa,* Disp. syst. Conch., p. 60, 1841.

Cette variété, caractérisée par sa grande taille (haut. 50-60, diam. 35-40 mill.), par ses tours encore plus renflés et plus étagés que chez le type, se rencontre dans les lacs (lac Pusiano) et les eaux stagnantes de la Lombardie et de la Vénétie. Je la possède encore des marais de la Drave à Esseg, du Danube à Belgrade, enfin des marais de Magnich près de cette même ville (Letourneux).

2° VAR. C. MINUTULA. Paludina minutula, *Verany*, mss.

Variété semblable au type, mais d'une taille tout à fait exiguë (haut. 21, diam. 17 mill.). — Environs de Pise en Toscane et de Monfalcone dans le Frioul. — Kuster (gatt. Palud. 1852), a fait figurer (pl. I, f. 8-9), sous le nom de *Palud. vivipara*, une toute petite coquille pas plus grande que la *minutula*. Je ne puis, cependant, malgré sa taille, la rapporter à cette variété, parce que les caractères du dernier tour ne sont pas ceux de la minutula.

VIVIPARA CARNIOLICA.

Vivipara Carniolica, *Letourneux*, in Litt.

Cette espèce, d'une teinte uniforme, d'un brun jaunacé-rougeâtre (1), est une vivipare presque moitié plus petite que la *contecta*. Elle reste con-

---

(1) Sur quelques échantillons seulement, j'ai aperçu par transparence 3 zonules d'une nuance plus foncée.

stante dans ses proportions (haut. 28, diam. 22 mill.). Sur cent échantillons pour le moins qui me sont passés par les mains, je n'ai remarqué aucune variation de forme et de taille.

La *Carniolica*, remarquable par la régularité de sa croissance spirale, possède des tours exactement cylindriques, dont la convexité maximum se trouve juste à la partie médiane. Chez la *contecta*, les tours très méplans vers la suture, se trouvent gonflés, et même parfois un tant soit peu anguleux à leur partie supérieure. La convexité est moins régulière ; le dernier tour surtout est moins arrondi en dessous que celui de la *Carniolica*.

Cette espèce se distingue encore de la *contecta* : par une suture moins profonde ; par un dernier tour relativement plus petit, plus court, tout à fait cylindrique ; par une perforation plus grande, arrondie, et non en forme de fente un peu oblique ; par une ouverture perpendiculaire, presque sphérique, à peu près aussi large que haute ; par des bords marginaux si rapprochés que l'ouverture adhère à la convexité de l'avant-dernier tour sur un très petit espace (chez la *contecta* , l'ouverture ovale-arrondie, légèrement inclinée de droite à gauche, est un tant soit peu subanguleuse à la partie supéro-externe et vers la base aperturale. Elle est toujours sensiblement plus haute que large et elle adhère sur un espace plus étendu à la convexité de l'avant-dernier tour) ; par son péristome continu, mince, bien droit à la partie supéro-externe (chez la *contecta*, le péristome est toujours en cet endroit légèrement patulescent) ; par son opercule présentant à l'endroit du nucléus un creux arrondi très accentué et bien circonscrit.

Cette vivipare est excessivement abondante dans le lac de Cirknitz, près d'Adelsberg, en Carniole, où elle a été recueillie par le conseiller Letourneux. Je la possède encore des environs de Monfalcone dans le Frioul.

VIVIPARA BRACHYA.

Vivipara brachya, *Letourneux*, in Litt.

Espèce caractérisée par la brièveté de sa spire, par le développement de ses deux derniers tours et par la rapidité de sa croissance spirale. Chez cette vivipare, les tours supérieurs, fort exigus, angmentent ensuite, à partir du 4me, avec une grande rapidité en taille et grosseur, au point que la coquille est presque aussi large que haute.

Testa perforata (rima obliqua), ventrosa, breviter conica, parum solidula, subpellucida, uniformiter olivacea aut griseo-virescenti, aut aliquando brunneo-viridula cum zonulis 3 rubro-castaneis ; striatula (striæ in ultimo validiores) ; — spira brevi, conica ; — apice minuto, acutissimo ac proeminente ;— anfractibus 6, superioribus superne circa suturam profundam planiusculis ac subangulatis (angulus in penultimo evanescens) ; — ultimo relative amplo, rotundato-tumido, superne prope suturam obscure subplanulato ; — apertura vix obliqua, exacte subrotundato-oblonga, intus cœrulescenti aut grisea ; — peristomate fere continuo (margines valde approximati), recto, acuto, ad marginem columellarem modo subpatulescente; — alt. 32, diam. 29; alt. ap. 18, lat. ap. 15 mill.

Le type de cette espèce vit dans les marais de la Drave à Esseg, en Croatie, où elle a été découverte par le conseiller Letourneux. Je possède encore cette vivipare du lac de Cirknitz, près d'Adelsberg, où elle vit en compagnie de la *Carniolica;* enfin des environs de Monfalcone dans le Frioul et de Pise en Toscane.

Les échantillons du lac de Cirknitz, de Monfalcone et de Pise sont un peu moins volumineux que ceux des marais de la Drave. Chez ceux de Pise, le dernier tour est très élégamment sillonné de stries régulières qui ressemblent à des costulations.

VIVIPARA CRYSTALLINA.

Cette forme, que je ne puis faire rentrer dans aucune de celles que je connais, établie par Gray, en 1821 (in Med. reposit., p. 239) sous l'appellation de *Paludina crystallina*, a été ensuite réunie par le même auteur à la *Paludina vivipara* (Brit. Shells, Ed. Turton, p. 90, 1840).

Je ne puis adopter cette dernière manière de voir de Gray. Cette *crystallina* (dont il a donné la représentation, fig. 118) ne possède les caractères ni de la *vivipara*, ni de la *contecta* et encore moins de la *fasciata*.

Selon moi, cette forme du groupe de la *contecta*, voisine de la *brachya*, se distingue par une spire très courte, par une croissance spirale très rapide (les trois tours supérieurs sont excessivement exigus, avec un sommet aigu, proéminent; les autres, surtout l'avant-dernier, sont très gros, très gonflés et méplans vers la suture); par un dernier tour médiocre.

Cette forme, à test mince, léger, transparent (haut. 29, diam. 23 mill.), vit dans les rivières des comtés de Cambridge, d'Oxford, d'Essex et de Suffolk, en Angleterre.

La *brachya* est l'espèce la plus voisine de celle-ci, mais la *brachya* diffère de la *crystallina*, par sa spire moins courte, plus régulièrement conique. Chez la *crystallina*, les 3me et 4me tours sont plus gonflés, et l'avant-dernier plus volumineux. Par contre, le dernier est relativement moins gros et moins développé que celui de la *brachya*.

B. LACUSTRIANA.

Tours moins gonflés, à suture moins profonde, non méplans, ni renflés à leur partie supérieure, mais *exactement arrondis, avec le maximum de la convexité à la partie médiane*; en un mot, tours non étagés. — Pointe du sommet peu proéminente, moins aiguë, parfois même faiblement obtuse.

VIVIPARA LACUSTRIS.

Vivipara lacustris, *Beck*, in Amtl. Bericht., 1847, p. 123.

Cette espèce habite en Danemark, notamment dans le canal de Stovozze. Je l'ai reçue de Mörch sous le nom de *Viviparus contectus*.

Je n'ai pu trouver dans les ouvrages une figure qui puisse se rapporter exactement à la *lacustris*.

Cette vivipare se distingue par une forme *ventrue-allongée*, à tours bien arrondis, non méplans vers la suture, à l'exception toutefois des tours supérieurs, qui sont, de plus, notamment anguleux; par une croissance graduelle, bien régulière; par des tours au nombre de sept, séparés par une suture profonde; par une perforation bien ouverte; par une ouverture peu oblique, ovalaire, légèrement anguleuse à la partie supérieure; par un péristome droit, aigu, faiblement patulescent au bord columellaire, continu et adhérent à l'avant-dernier tour sur un très petit espace.

Coloration olivâtre avec trois zonules rougeâtres peu prononcées. Striations régulières, fines, plus accentuées vers l'ouverture. Dernier tour souvent martelé. Sommet presque toujours érosé. (Haut. 44, diamètre 33, haut. ouv. 20, larg. ouv. 17 mill.).

J'ai reçu une forme un peu plus petite de cette espèce des environs de Belgrade (Letourneux).

VIVIPARA COMMUNIS.

Je crois que cette espèce est celle que Müller (Verm. Hist. II, p. 182, 1774) a nommé *Nerita vivipara*, et que presque tous les auteurs ont considéré comme la véritable *vivipara*.

M. l'abbé Dupuy (Hist. Moll., pl. XXVII, f. 5) et Moquin-Tandon (Moll. France, pl. XL, f. 22) ont donné une fort bonne représentation, qui peut suffire, et au delà, à la connaissance de cette coquille. C'est une espèce très ventrue, conique, à tours bien sphériques, non méplans, bien que séparés par une suture profonde. La croissance spirale est rapide et les deux derniers tours sont relativement très développés et très ventrus. La pointe apicale est assez proéminente.

Cette espèce ne peut-être confondue avec la *contecta*, qui est une coquille toute différente et très distincte.

La *communis* est abondante un peu partout en France et surtout en Allemagne. J'en possède de beaux échantillons des marais de la Drave, près d'Esseg, en Croatie, où ils ont été recueillis par le conseiller Letourneux. Je l'ai reçue également de la rivière de Brousse, dans l'Asie Mineure.

J'adopte pour cette espèce le nom de *communis*,

qui a été publié *par inadvertance* au lieu de *vulgaris*, par Moquin-Tandon en 1855 (Hist. Moll. France, II, p. 532, à la 37me ligne) dans sa citation synonymique.

Cette appellation de *communis* établie « pro errore » à la place de *vulgaris* est la seule qui doit rester :

1° Parce que le nom spécifique de *vivipara*, de Muller est inadmissible par suite de l'adoption du genre *Vivipara*, attendu qu'une espèce ne peut s'appeler *Vivipara vivipara*.

2° Parce que le nom de *vulgaris* crée par Dupuy en 1851 ferait double emploi avec celui de *vulgaris* proposé par Gray, en 1821 (in Lond. Med. repos XV, p. 239), pour une forme que les auteurs anglais regardent comme une *fasciata*.

On ne peut encore adopter pour cette coquille le nom de *Vivipara vera*, établi en 1862 par le nommé Frauenfeld (in Verhandl. K. K. Zool. gesellsch. Wien, p. 1161), attendu que sous ce nom de *vera*, l'auteur viennois a confondu toutes les formes paludiniennes. Or, comme un nom qui s'applique à tout, ne peut être pris pour désigner plutôt une forme qu'une autre, il suit de là qu'une telle appellation devient triviale et inadmissible. Sous ce vocable, en effet, Frauenfeld a réuni la *vivipara* de Müller, la *contecta* de Millet, la *fluviorum* de Montfort, l'*inflata* de Villa, la *Costæ* d'Heldreich, etc., sans compter plusieurs formes manuscrites, qui me sont malheureusement inconnues, comme la *nucula* de Parreyss, les *atrata*, *truncata* et *ærosa* de Ziegler, etc.

La synonymie de la *communis* peut être rétablie ainsi qu'il suit :

Nerita Vivipara, *Müller*, Verm. Hist., II, p. 182, 1774.

Paludina vivipara, *Forbes* et *Hanley*, Brit. Moll. (Exclud. desc.), Atlas, pl. LXXI, fig. 15 (seulement), 1849.

Vivipara vulgaris, *Dupuy* (non *Gray*), Hist. moll. France (5me fasc., 1851), p. 537, pl. XXVII, f. 5.

Paludina contecta, *Moquin-Tandon* (Non *Millet*), Hist moll. France, II, 1855, p. 532, pl. XL, fig. 22 ; et Vivipara communis (errore pro vulgaris, *Dupuy*), *Moquin-Tandon* , Loc. sup. cit., p. 532 (Excl. syn.), à la ligne 37.

VIVIPARA SEGHERSI.

Paludina contecta, *Var.* Seghersi, *Colbeau*, Bull. séances Soc. mal., avril 1864, p. XLIX ; et in Mém. Soc. mal. Belg. I, 1865, p. 59, pl. II, f. 7.

Cette espèce est une forme des plus mal définies.

L'unique caractère signalé par Colbeau est celui-ci : « Trois bandes brunes très larges dont les deux supérieures soudées ensemble. »

La planche II (fig. 7) représente une coquille très

ventrue-conique, à sommet aigu, à tours bien arrondis, à croissance rapide, à suture médiocre, sauf au dernier tour, où elle paraît profonde. Ce dernier tour surtout est remarquable par son exiguïté, en comparaison de l'avant-dernier qui est énorme. L'ouverture rétrécie dans le sens de la largeur, est allongée tout en étant inclinée de droite à gauche.

Si la forme représentée par Colbeau est exacte, cette espèce est des mieux caractérisées; malheureusement il m'est impossible de croire à l'exactitude de cette figure.

Dans la Suite à Rossmässler, l'on trouve à la planche CXXXVIII, une *Seghersi* toute différente. Celle-ci me paraît plus naturelle, je dirai même moins singulière que celle de Colbeau. Elle ressemble à une forme ventrue de la *fasciata*, forme que j'ai constatée sur plusieurs points de la France, notamment dans la Seine au-dessous de Paris.

Chez la *Seghersi* des Suites à Rossmässler, les tours s'accroissent avec régularité. L'avant-dernier est normal et n'offre pas cette ventrosité insolite de celle de Colbeau, l'ouverture arrondie est bien développée, enfin le test est orné de trois bandes étroites, non soudées.

Il y a une si grande différence de contour, de forme et d'aspect entre ces deux *Seghersi*, qu'il est impossible non seulement de les réunir en une seule espèce, mais encore de les classer dans le même groupe. La *Seghersi* de Colbeau appartient au groupe de la *lacustris*, celle des *Suites* à celui de la *fasciata*.

Cette espèce, que je n'ai indiquée que pour l'acquit

de ma conscience, vit, à ce qu'il paraît, dans les étangs de Rouge-Cloître, dans le Brabant, en Belgique.

VIVIPARA TAURICA.

Testa rimata (rima obliqua, fere omnino tecta), oblongo-ventrosa, subconoidali, tenui, subopacula, striatula, ac, in ultimo seriatim malleata; — spira elongato-obtusa, ad summum obtusiuscula; — apice minuto, non prominente; — anfractibus 6 convexo-rotundatis, rapide ac regulariter crescentibus, sutura (inter superiores mediocriter, ad ultimum validius) separatis; — ultimo majore, convexo; — apertura fere verticali, oblonga, superne angustata; peristomate continuo, recto, acuto; margine columellari elongato, tenui, arcuato, superne dilatato ac supra rimam adspresso; — alt. 32, diam. 23; alt. ap. 16, lat. ap. 13 mill.

Cette nouvelle espèce vit dans la Tchernaia, près de Sébastopol, en Crimée.

La *Taurica* se distingue, notamment, par sa forme allongée; par ses tours peu ventrus, simplement convexes, croissant régulièrement en taille et en grosseur; par son ouverture très oblongue et par son bord columellaire mince, délicat, long, arqué, dilaté seulement à la partie supérieure et renversé sur la fente ombilicale.

VIVIPARA PALUDOSA.

Testa obscure vix rimata (rima omnino tecta), oblongo-elongata, opacula, striatula, uniformiter brunneo-subcastaneo, sat hebete; — spira obtuso-producta, ad summum attenuata ac obtusa; apice minuto, non prominente; — anfractibus 6 convexis, rotundatis, rapide crescentibus, sutura (in prioribus fere lineari, in cœteris profunda) separatis; — ultimo majore, exacte rotundato; — apertura perobliqua, subrotundata, superne angulata; — peristomate recto, acuto, ad partem inferiorem columellæ subpatulescente; margine columellari valido, crassissimo, superne supra rimam dilatato ac adspresso; — marginibus remotis, callo tenui junctis; — alt. 35, diam. 24; alt. ap. 17, lat. ap. 15 mill.

Cette espèce habite dans les marais, en Danemark.

Sa coloration uniforme brune-marron d'une teinte terne ; son ouverture *très oblique;* son bord columellaire excessivement épais ; sa spire élancée-obtuse s'atténuant d'une façon assez brusque vers le sommet ; sa suture linéaire entre les tours supérieurs, puis plus profonde au fur et à mesure qu'elle se rapproche de l'ouverture, etc. distinguent suffisamment cette espèce des autres de son groupe.

VIVIPARA ZEBRA.

Paludina zebra, *Stentz* In : (Suite à) l'Iconogr. de Rossmässler, fig. MCCCLXX, 1878.

Espèce de taille médiocre (haut. 31, diam. 23 mill.), caractérisée par son avant-dernier tour très malléé et par son dernier tour zébré de bandes noirâtres inégalement espacées. Tours bien arrondis au nombre de six. Sommet aigu. Ouverture légèrement oblique, subarrondie.

Environs de Constantinople.

C. GALLANDIANA.

Tours supérieurs *très gros*, à sommet *mamelonné* ou toujours *très obtus* ; pointe apicale *jamais saillante, émoussée et obtuse bien que fort exiguë.* — Coquille à peu près de même forme que celles du groupe précédent, c'est-à-dire à tours bien bombés-ventrus, non méplans vers la suture, qui est graduellement assez profonde vers les tours inférieurs.

VIVIPARA GALLANDI.

Cette espèce, que je dédie à M. Jules Galland, ingénieur des ponts-et-chaussées au service du gouvernement ottoman, vit dans les cours d'eaux des environs de Constantinople.

La *Gallandi* est caractérisée par ses tours supérieurs *gros, obtus, à suture linéaire, formant un fort mamelon. Ces tours se détachent nettement des autres à partir du quatrième* par suite de la *suture, qui devient subitement très profonde.* Le troisième *très saillant* est presque aussi gros que le quatrième. Les tours inférieurs sont convexes-arrondis séparés par une suture profonde.

Cette coquille ventrue-oblongue, très finement striée, est d'une belle teinte verte, avec trois zones marron très étroites. L'ouverture oblique-oblongue, anguleuse à son sommet, possède un bord columellaire épais, solide, légèrement réfléchi à sa partie supérieure sur une fente ombilicale étroite et oblique. Le péristome est très tranchant. Les bords marginaux, très écartés, sont réunis par une callosité. — Cinq tours de spire. — Haut. 20; diam. 16; haut. de l'ouvert. 12; larg. de l'ouvert. 9 millim.

VIVIPARA MAMILLATA.

Paludina mamillata, *Küster*, Gatt. Palud. in Chemnitz (2me édit.), p. 9, pl. II, f. 1-5, 1852.

Vivipara mamillata, *Bourguignat*, in Spicil. Malac., p. 131, pl. XI, f. 1-2, 1862; — et in Ann. Malac., I, 1870, p. 48 et 57.

La *mamillata*, espèce à sommet gros, obtus, comme mamelonné, est une forme qui paraît particulière aux régions du Danube, de la Turquie d'Europe et de l'Anatolie occidentale.

On la connaît du lac de Scutari, entre le Monténégro et l'Albanie (Küster), du Danube à Belgrade (comte de Ségur), à Ibraïla (Berlan), des environs de Constantinople (Galland), enfin, des alentours de Brousse, dans l'Anatolie.

Il m'est impossible d'admettre comme *mamillata :*

1° La forme, représentée sous le nom de *mamillata*, à la planche IV, fig. 5, de la Monographie des Paludines de Küster. Cette espèce est toute différente de la vraie *mamillata* du même auteur, figurée, planche II, (fig. 1-5) ;

2° Et les deux formes si distinctes l'une de l'autre, que le continuateur de l'Iconographie de Rossmässler a donné sous cette même appellation, à la planche CXXXVIII (fig. 1377-78).

VIVIPARA OCCIDENTALIS.

Vivipara occidentalis, *Bourguignat*, in Ann. Malac., I, 1870, p. 57.

Cette vivipare est le représentant de la *mamillata* dans l'Europe occidentale.

Elle a été découverte par le conseiller Letourneux dans le canal de Rennes (Ille-et-Vilaine). Je la possède encore des environs de Manchester, en Angleterre et du Danemark, d'où elle m'a été envoyée par Mörch.

D. ACEROSIANA.

Espèce généralement de grande taille, à tours arrondis ou convexes, à suture médiocrement profonde, caractérisée par *un sommet mucroné, surmonté d'une petite pointe apicale acérée, opaque et blanchâtre.*

Les Vivipares de ce groupe, sauf l'*Isseli*, la *Ianinensis* et l'*unicolor*, paraissent préférer les régions Danubiennes et occidentales de l'Asie Mineure. Elles peuvent se diviser en deux séries :

1° En espèces à test assez mince, un peu transparent.

Penchinati,
acerosa,
Ianinensis,
Isseli,
Letourneuxi,
Taciti,
et unicolor;

2° En espèces à test épais, opaque et pesant.

Aristidis,
Tanousi.

VIVIPARA PENCHINATI.

Vivipara Penchinati, *Bourguignat*, in Ann. Malac., I, 1870, p. 48 et 58.

C'est la plus grande et la plus forte Vivipare que je connaisse en Europe. Sa taille moyenne varie de 44 à 48 de haut. sur 30 à 35 en diamètre. J'ai recu dernièrement des échantillons atteignant 55 de hauteur sur 36 de diamètre.

Le type a été recueilli par Emile Berlan dans les environs d'Ibraïla. Récemment le conseiller Letourneux a découvert de magnifiques *Penchinati* dans les marais de Magnich, près de Belgrade en Serbie.

Chez la *Penchinati*, la spire ventrue-allongée, gonflée vers les 4me et 5me tours, s'atténue subitement au sommet. Pointe apicale proéminente, blanche opaque et calcaire.

VIVIPARA ACEROSA.

Vivipara acerosa, *Bourguignat*, Viv. d'Europe, In Spicil. Malac., p. 133, pl. x, f. 5-6 (jeunes), 1862; et in Ann. Mal., I, 1870, p. 47 et 56.

Lorsqu'en 1862 j'ai publié cette espèce, je n'avais à ma disposition que des échantillons jeunes, auxquels manquaient le dernier et une partie de l'avant-dernier tour. Ces échantillons avaient été recueillis dans le Danube à Belgrade par le comte de Ségur. Ces individus me paraissaient alors si caractérisés, grâce à leur sommet surmonté d'une pointe apicale acérée, que je n'hésitais point à la décrire sous l'appellation d'*acerosa*. Plus tard, lorsque je reçus, par l'entremise du Dr Penchinat, le superbe envoi d'espèces récoltées aux environs d'Ibraïla par Emile Berlan, je reconnus, d'après les échantillons de cet envoi, que cette vivipare atteignait de plus grandes proportions. J'ai rectifié en 1870 (in Ann. Malac., I, p. 47) ma description première et j'ai indiqué pour la taille de l'*acerosa*, 35 à 40 de hauteur sur 28 à 30 mill. de diamètre.

L'*acerosa* possède sept tours convexes, à croissance assez rapide. Ses deux derniers tours sont ordinairement très malléés. Sa coloration varie beaucoup ; tantôt elle est uniforme d'un jaune terne ou olivâtre, voir même rouge-lie de vin, tantôt elle est jaune ou verdâtre avec trois zonules d'une teinte foncée. Les striations, ordinairement fines et régulières (sauf sur les parties malléées), sont très délicatement coupées par de très petites linéoles spirales qui s'accusent sur le test par une série de points microscopiques.

Cette belle espèce paraît abondante dans le Danube à Ibraïla (Berlan), à Giurgewo (Letourneux) et à Belgrade (De Ségur). Je la connais encore de la Save, près d'Agram, et des marais de Magnich, sur le bord de la Save, près de Belgrade (Letourneux).

Il existe dans *Les suites* à Rossmässler (pl. cxxxix, fig. 1375, seulement), une forme représentée sous le nom de var. *Æthiops*, qui, bien que *peu exacte*, peut, à la rigueur, être considérée comme une *acerosa*. Cette forme, que l'auteur de *cette suite* regarde comme identique à la *Paludina Æthiops* de Parreyss, Mss., est signalée de Valachie. Je ferai remarquer, au sujet de cette appellation, que Reeve a décrit (Mon. Palud., pl. x, f. 60) depuis longtemps sous ce nom une espèce africaine différente de celle-ci et que, par conséquent, l'appellation de Parreyss ne peut être adoptée.

VIVIPARA IANINENSIS.

Paludina gigantea, *Parreyss*, in Sched.

Paludina inflata, var. ianinensis, *Mousson*, Coq. Schlœfli, p. 54, 1859.

Paludina vivipara, var. ianinensis, *Westerlund* et *Blanc*, Faune mal. Grèce, p. 135. 1879.

Je ne connais pas cette espèce, qui a été signalée dans le lac de Ianina, en Albanie.

D'après Mousson, cette coquille serait une variété de l'*inflata* de Villa. Suivant Westerlund et Blanc « cette forme grecque paraît s'éloigner de l'*inflata* par sa spire beaucoup plus large, très obtuse, par son sommet fort aigu presque mucroné, par ses tours plus élevés, convexes ou cylindriques, par une moindre profondeur de la suture, par le dernier tour à base plus ventrue, par son ombilic peu apparent ou presque couvert, par ses stries spirales, etc. »

Je crois que cette forme du groupe de l'*acerosa* doit être distinguée d'une façon spéciale sous l'appellation spécifique de *ianinensis*, et qu'elle ne peut être confondue ni avec l'*inflata*, ni avec la *vivipara*, et encore moins avec la *mamillata*, ainsi qu'on l'enseigne dans les Suites (IV Band., 1878, p. 75) à Rossmässler.

Voici, d'après Westerlund, les caractères de la *ianinensis* : « Testa magna, obeso-ovata, semiobtecte perforata, griseo-vel-olivaceo-cornea, tenuis, subpellucida, tenue striata (interdum aperturam versus striis incrementi costiformibus sat numerosis), sub lente in anfractu ultimo dense spiraliter lineata, obsolete brunneo-trifasciata, apice obtuso; anfr. 6 regulariter accrescentes convexi, sutura profundiuscula separati; ultimus maximus, infra sat tumidus; apertura rotundato-subovata, superne subangulata; peristoma in pariete continuum. Alt. 45, diam. 35 mill. »

VIVIPARA ISSELI.

Testa rimata (rima obliqua), ventroso-conica, subpellucida,

tenui, nitida, in superioribus luteola, in cœteris viridescente cum zonulis tribus obscure castaneis ; eleganter striatula (striæ argutissimæ, obliquæ, cum striis validioribus, æqualiter distantibus et convexitates formantibus) ; — spira producta, conica, ad summum acuta ; apice acuto, prominente, candido, opaco ; — anfractibus 7 convexis, regulariter crescentibus, sutura parum impressa (inter ultimos profundiore) separatis ; — ultimo convexo ; — apertura obliqua (ad basin sat retrocedente), subrotundata, superne leviter lunata ac ad insertionem labri externi angulata ; peristomate recto, continuo, acuto, atro, inferne subpatulescente ; margine externo antrorsum leviter sinuato ; margine columellari crassiore, arcuato, subpatulo ; — alt. 39, diam. 28 ; alt. ap. 19, lat. ap. 15 millim.

Environs de Pise, en Toscane. Je possède également l'*Isseli* de Lombardie, seulement sans indication de localité.

Cette belle Vivipare, que je dédie à notre ami le professeur A. Issel de Gênes, remarquable par sa spire allongée-conique, par sa croissance régulière, par sa suture peu profonde, par son ouverture dont la base est très rejetée en arrière, etc., se distingue surtout par ses élégantes striations obliques, fines, serrées, plus fortes de distance en distance, au point de former par leur réunion des renflements réguliers également distants les uns des autres. Sous le foyer d'une forte loupe, toutes ces stries sont coupées par des séries de petites lignes spirales d'une extrême délicatesse, qui apparaissent sous la forme d'une multitude de linéoles pointillées.

VIVIPARA LETOURNEUXI.

Testa rimata (rima angusta, obliqua), breviter ventrosa, tenui, subpellucida, striatula, aliquando malleata, uniformiter griseo-olivacea aut viridula cum zonulis tribus angustis, obscure castaneis; — spira obesa, breviter pertumida, ad summum attenuata ac obtusa; apice minutissimo, acuto, prominente, opaco, candido; — anfractibus 6 convexis (supremi 2 exigui; alteri tumidi), sutura parum impressa separatis; ultimo majore, convexo-rotundato, ad insertionem labri lente descendente; — apertura leviter obliqua, oblonga, superne angulata, inferne dilatata; — peristomate recto, acuto, sat cultrato; margine columellari incrassato, patulo, superne supra rimam reflexo; marginibus sat approximatis tenui callo junctis; — alt. 30, diam. 24, alt. ap. 18, lat. ap. 13 millim.

Le Danube à Giurgewo et à Ibraïla.

Il existe dans la lac Sabandja, près d'Ismidt, en Asie Mineure, une forme plus fluette et un peu moins ventrue de cette espèce.

Parmi les figures de vivipares représentées dans les ouvrages, je ne vois que la figure 1378 des Suites à Rossmässler qui puisse se rapprocher *un peu* comme contour et comme ventrosité de la *Letourneuxi*. Seulement cette forme monténégrine, publiée par erreur sous le nom de *mamillata* (la mamillata de Küster est bien différente !), est d'une taille plus grande et possède une ouverture trop ronde, ainsi qu'une croissance spirale trop descendante *pour pouvoir être le représentant exact* de notre *Letourneuxi.*

Cette vivipare, que je me fais un plaisir de dédier à notre savant ami le conseiller A. Letourneux, ne peut être comparée qu'avec l'*acerosa*, dont elle se distingue par une forme courte, obèse, plus ventrue, surtout par sa spire moins allongée et non conique.

Chez l'*acerosa*, la spire, presque régulièrement conique, diminue insensiblement jusqu'au sommet, qui est fort pointu. Chez la *Letourneuxi*, la spire, renflée au 3me et au 4me tour, s'atténue presque subitement, en sorte qu'elle a l'apparence *d'un dôme oblong* plutôt que d'un cône.

Chez l'*acerosa*, les tours, bien convexes, croissent avec régularité et sont séparés par une suture profonde. Chez la *Letourneuxi*, les tours, tout en étant plus gonflés, sont moins convexes; la suture est moins profonde; enfin, la croissance n'est pas régulière. Les deux supérieurs sont exigus, les autres sont relativement énormes et ventrus.

La *Letourneuxi* se distingue encore de l'*acerosa* à sa fente ombilicale, oblique et très étroite, à sa taille moindre, presque aussi large que haute (24 mill. sur 30 de hauteur).

VIVIPARA TACITI.

Cette Vivipare, que je dédie à M. Tacite Letourneux,

ancien président au tribunal de Fontenay-le-Comte, est une espèce plus allongée que la *Letourneuxi*. Son test, assez épais, d'une teinte foncée uniforme, d'une nuance de terre de Sienne brûlée, parfois tout à fait noir, d'autrefois ceinte de trois zonules presque effacées, est sillonné de fines striations obliques légèrement ondulées. Sa spire, allongée un peu obtuse, est terminée par une pointe apicale proéminente mais ordinairement émoussée. Ses tours, au nombre de 7, à croissance rapide, bien convexes, sont séparés par une suture accentuée. Son ouverture, légèrement oblique, relativement petite, oblongue, anguleuse à sa partie supérieure, est pourvue d'un péristome continu, encrassé, faiblement patulescent à la base. Son bord columellaire, arqué, très robuste, très épais, est largement réfléchi à la partie supérieure sur la fente ombilicale qui est des plus exiguës.

Cette vivipare (haut. 36, diam. 26 ; h. ouv., 18, l. ouv. 15 mill.) a un aspect lourd tout particulier, bien que sa spire soit subconoïde.

La figure 1377 des Suites à Rossmässler (représentée à tort, comme la fig. 1378, sous le nom de mamillata), donne *à peu près* le port et l'aspect de cette espèce.

La *Taciti* a été recueillie dans le Danube, à Giurgewo et à Ibraïla.

Je la connais encore du lac Sabandja près d'Ismidt, en Anatolie.

Je possède, des environs de Giurgewo, une forme plus petite, à spire un peu moins allongée, par conséquent un peu plus obtuse.

VIVIPARA UNICOLOR.

Cyclostoma unicolor, *Olivier*, Voy. Emp. ottom., III, 1804, p. 68; et Atlas, fasc. II, 1804, planche XXXI, f. 9.

Paludina unicolor, *Deshayes*, in Encycl. Meth. vers., III, 1832, p. 698; et in *Lamarck*, An. S. Vert., 2me édit., VIII, 1838, p. 513.

Vivipara unicolor, *Bourguignat*, in Amén. Malac., I, p. 182, 1856; et *Frauenfeld*, in Verh. zool. Ges. Wien, 1862, p. 1164.

Cette espèce, par l'ensemble de ses caractères, appartient au groupe de l'*acerosa*.

L'*unicolor* est une forme du Centre africain qui, par le grand cours du Nil, s'est acclimatée dans toute l'Egypte.

Je la possède du canal d'eau douce de Suez (Raymond), du Nil près de Boulak (de Saulcy), de Zagazig (Letourneux), du canal Mahmoudieh près Alexandrie (Letourneux et Lhotellerie), du Canal à Hagueret en Naouatié près Ramlé (Letourneux), des déblais du canal maritime à la hauteur du Serapéum, à 15 kilom. au nord des Lacs amers (Letourneux), de Medinet, au Fayoun (Schweinfurth), etc.

Il faut rapporter à l'*unicolor*, la *Paludina biangulata* de *Küster* (Gatt. Palud., p. 25, pl. V, f. 11-12,

1852), caractérisée par des tours bianguleux. — Canal Mahmoudieh et fossé à Hagueret en Naouatié près Alexandrie (Letourneux), canal d'eau douce de Suez (Raymond et Laurent). Couche quaternaire à Ramsès (Letourneux et Chambard).

VIVIPARA ARISTIDIS.

Testa rimata (rima obliqua), conica, inferne ventroso-tumida, crassa, ponderosa, opaca, grosse striatula ac in ultimo (aliquando in cæteris) valide malleata, uniformiter luteo-viridescente aut subolivacea cum zonulis tribus obscure-castaneis; — spira elongata, acuto-conica; apice minuto, proeminente, opaco, candido; — anfractibus 7 convexis, rapide crescentibus, sutura sat impressa separatis; — ultimo majore, convexo, superne circa suturam subtumidulo; — apertura obliqua, piriformi, superne angusta et angulata, inferne rotundata et dilatata; — peristomate acuto, intus incrassatulo, continuo, atro, recto, inferne subpatulo; margine columellari crasso, validissimo, arcuato et subpatulo; — alt. 43, diam. 30, alt. ap. 22, lat. ap. 17 mill.

Environs de Belgrade et étang de Magnich sur les bords de la Save, non loin de cette même ville (Letourneux).

Cette espèce, dédiée au conseiller *Aristide* Letourneux, appartient, ainsi que la suivante, à la série des vivipares à test épais et pesant.

VIVIPARA TANOUSI.

Vivipara Tanousi, *Letourneux*, in Litt.

Espèce à test opaque épais et pesant, à peu près de même taille et de même coloration que l'*Aristidis*, mais en différant par une spire un peu moins régulièrement conique, peu renflée vers ses tours supérieurs, en un mot, comme plus tassée sur elle-même; par ses tours (6 au lieu de 7) plus convexes, légèrement gonflés vers la suture, qui est plus profonde; par un péristome plus épais, très encrassé, blanc et non bordé de noir; mais surtout par son ouverture, qui est toute différente.

Chez cette Vivipare, la convexité de l'avant-dernier tour forme *ventre* d'une façon si accentuée, que l'ouverture paraît échancrée, bien que le péristome, grâce à la callosité, soit continu. La partie supérieure aperturale est fortement retrécie; par contre, la partie inférieure est parfaitement ronde; le bord columellaire, très court, est très arqué. En somme l'ouverture paraît, par suite du ventre de l'avant-dernier tour, plus porté à gauche qu'à droite.

Cette singulière Vivipare, que notre ami le conseiller Letourneux a dédié au syrien Tanous Farez, son aide dans toutes ses excursions scientifiques, a été recueillie dans la Save, près de Belgrade en Serbie.

E. FASCIATIANA.

Espèce à test assez solide, à tours arrondis, à suture médiocrement profonde. Sommet toujours obtus, sans pointe mucronée. Spire parfois turriculée et conoïde.

VIVIPARA PYRAMIDALIS.

Paludina pyramidalis, *Cristoforis* et *Jan*, Disp. meth., II, p. 7 (sans descr.), 1832.
Paludina fasciata, *Var.* pyramidalis, *Küster*, Gatt. Palud., p. 8, pl. I, f. 14 (bonne), 1852.
Vivipara pyramidalis, *Bourguignat*, in Spicil. Malac., p. 129, pl. X, f. 3, 1862; et in Ann. Malac., I, 1870, p. 58.

Je considère *actuellement* la figure 125 de l'Iconographie (II, 1835, p. 19, fig. 125) de Rossmässler, que j'avais jadis rapporté à la Pyramidalis (avec la mention de mauvaise), comme représentant une variété de *Fasciata*, dont le dernier tour est un peu subanguleux.

La *pyramidalis* est une espèce de grande taille haut. 50, diam. 34; h. ouv. 22, l. ouv. 18 mill.), de forme acuminée-conoïde, dont la croissance spirale est des plus régulières.

La figure 14 donnée par Küster, ainsi que celle de mes Spicilèges (pl. x, f. 3), suffisent pour la connaissance de cette Vivipare.

La *pyramidalis* vit dans les grands lacs de la Lombardie. Je l'ai recueillie abondamment à Côme.

VIVIPARA SUBFASCIATA.

Vivipara subfasciata, *Bourguignat*, in Ann. malac., I, 1870, p. 50 et 59.

Cette espèce est une forme des plus répandues. Elle s'étend depuis le Caucase, à travers les contrées méridionales de la Russie, sur les régions Danubiennes et Lombardes jusqu'en France et en Angleterre (1).

C'est cette espèce, que j'ai signalée (in Spicil. malac., p. 131, 1862) sous l'appellation de *Vivipara pyramidalis*, Var. *minor* (2). C'est la *Paludina achatina* de plusieurs auteurs italiens. C'est encore la

(1) Sous le nom de *Paludina vivipara*, Forbes et Hanley (Brit. moll., pl. LXXI, f. 15) ont donné la représentation de cette espèce. Quant à la figure 14, inscrite sous le même nom, c'est ma *Vivipara Forbesi*.

(2) Non, *pyramidalis* de Rossmässler, ainsi que je l'ai dit, en 1862, par erreur.

Paludina mamillata d'Issel (Moll. Persiæ, p. 18, 1865) indiquée au lac de Palæstrom, et c'est également je crois, la *Paludina fasciata* de Mousson (Coq. Schlafli, II, p. 88, 1863) mentionnée à Poti, sur le Phase, à Reduktalch et dans le lac de Paleston (mieux Palæstom, comme l'enseigne Martens in Vorderas, Conch., p. 65, 1874).

Je possède cette Vivipare du lac Sabandja près d'Ismidt, dans l'Asie Mineure (Galland).

En Europe elle a été recueillie dans le Danube à Ibraïla (Berlan), à Giurgewo (Letourneux); dans la Save, à Agram (Letourneux); dans les lacs et les cours d'eau de Lombardie; enfin, en France, dans la Loire, à Saumur et aux Ponts-de-Cé, près d'Angers (Servain); dans la rivière de l'Azergue, près de Beaujeu (Mabille), etc.

VIVIPARA COSTÆ.

Paludina nucleus, *Mousson*, Mss. olim.

Paludina Costæ, *Heldreich*, in *Mousson*, Coq. Schlafli, II, p. 18, 1863.

Vivipara Costæ, *Bourguignat*, in Ann. malac., I, 1870, p. 56.

Cette Vivipare a été représentée (in Journ. Conch., 1876, pl. IV, f. 1), et dans les Suites à Rossmässler, fig. 1381.

La *Costæ* vit aux environs de Constantinople. En Asie, elle a été signalée à Batoum, en Arménie. Je la possède du lac Apollonia, en Bithynie.

Küster (Gatt. Palud., p. 9, 1852), a rapporté à tort cette espèce, sous le nom de *Paludina nucleus*, à la fasciata.

VIVIPARA FASCIATA.

Nerita fasciata, *Müller*, Verm. Hist., II, p. 182, 1774.
Vivipara fasciata, *Dupuy*, Hist. moll. France (5me fascic., 1851), p. 540, pl. XXVII, f. 6.

Cette espèce est l'*Helix vivipara* de Linnœus, 1758 ; le *Bulimus viviparus* de Poiret, 1801 ; le *Cyclostoma achatinum* de Draparnaud, 1801 ; la *Paludina achatina* de Studer, 1820 ; la *Paludina fasciata* de Deshayes, 1838 ; la *Paludina vivipara* de Moquin-Tandon, 1855.

Cette coquille est bien représentée dans Rossmässler, fig. 66 ; dans l'ouvrage de l'abbé Dupuy (pl. XXVII, fig. 6), ainsi que dans un grand nombre de travaux. J'ai également donné une figure exacte de la *fasciata* dans mes Spicilèges (pl. X, f. 4). Ces figures, que je signale, suffisent grandement à la connaissance de cette espèce.

Dans les Suites à Rossmässler, il faut bien faire attention que les Paludines, figurées sous le nom de *fasciata*, ne représentent pas du tout cette espèce.

La *fasciata* me semble particulière aux parties septentrionales et occidentales de l'Europe : elle se trouve en Angleterre, en Belgique, en France, en Suisse, en Hollande, en Prusse, en Autriche, en Danemark, en Suède, ainsi que dans la Russie du Nord.

Je l'ai reçue dernièrement de Lombardie, malheureusement sans indication de localité. Je mentionne ce fait, parce qu'autrefois je ne croyais pas à la présence de cette Vivipare en Italie.

La *fasciata* varie peu. Les variétés qui méritent d'être signalées sont :

Var. B. Tumida.—Caractérisée par une forme ventrue rappelant un peu, comme aspect, la fig. 1371 des Suites à Rossmässler. La Seine au-dessous de Paris.

Var. C. — Vivipara Rossmässleri, *Bourguignat*, (Paludina pyramidalis, de Rossmässler, Iconogr., II, 1835, f. 125. Non pyramidalis de Cristofori et Jan).

Cette forme, que j'inscris sous une appellation spéciale, parce que je crois qu'elle devra être plus tard élevée au rang d'espèce, est remarquable par sa coquille conique, à spire très courte et dont le dernier tour est légèrement subanguleux vers la partie inférieure. — En Lombardie.

VIVIPARA HELLENICA.

Vivipara Hellenica, *Clessin*, novit.-mappe, in Malak. Blätt., 1879, p. 3, pl. I, f. 1.

Espèce excessivement voisine de la *var.* C. (vivipara Rossmässleri) de la *fasciata*, caractérisée, comme elle, par une spire conique et un dernier tour subanguleux, un peu méplan au-dessous, mais s'en distinguant néanmoins par une ouverture très oblique, légèrement patulescente à sa partie inférieure, par un bord externe projeté en avant (extus producto); par sa fente ombilicale plus exiguë.

L'*Hellenica* (haut. 22, diam. 18 mill.), d'une teinte jaune-olivâtre, avec trois bandes étroites, finement striée, est, en outre, légèrement ornée de linéoles spirales fort délicates. Six tours. Suture assez profonde. Ouverture dépassant un peu le tiers de la hauteur, arrondie, anguleuse à sa partie supérieure.

Environs de Missolonghi (Étolie), à 34 kilom. O. de Lépante.

VIVIPARA BLANCI.

Paludina Hellenica, *Westerlund* et *Blanc,* faune

malac. Grèce, p. 134, 1879 (non, *vivipara Hellenica* de Clessin.)

Cette forme, à laquelle j'applique le nom de M. Hipp. Blanc de Portici, est celle que les estimables auteurs de la faune grecque ont décrit comme l'*Hellenica* de Clessin.

Chez cette nouvelle forme, qui possède aussi un dernier tour subanguleux, le test est plus allongé, moins exactement conique, et le plus grand diamètre se trouve un peu au-dessous de la partie moyenne, tandis que chez l'*Hellenica*, le diamètre maximum (par suite de sa conalité très accentuée) se fait sentir juste à la partie inférieure de la coquille. Chez cette espèce, de même taille que l'*Hellenica* (haut. 22, diam. 18 mill.), l'ouverture, moins arrondie (rotundato-ovata), atteint ou même dépasse un peu la moitié de la hauteur (H. ouv. 12 mill.), tandis que chez l'*Hellenica*, elle ne surpasse guère le tiers.

Le bord externe de cette vivipare ne semble pas projeté en avant (extus producto), et la base de l'ouverture ne paraît pas aussi rejetée en arrière que celle de l'*Hellenica*.

Cette forme, bien distincte, selon moi, de celle décrite par Clessin, habite aux environs de Missolonghi, en compagnie de la précédente.

VIVIPARA FORBESI.

Paludina vivipara, *Forbes* et *Hanley*, Brit. moll., III, 1853, p. 11, pl. LXXI, fig. 14 (seulement, la fig. 15 représente la subfasciata.)

Cette petite Vivipare, recueillie dans la Tamise, en Angleterre, est surtout caractérisée par une *ouverture presque sphérique, aussi haute que large* (haut. ouv. 12, larg. ouv. 11 1/2 mill.) *et dépassant la moitié de la hauteur totale*. Taille exiguë (haut. 23, diam. 17 mill.). Forme obèse-obtuse, à spire peu allongée. Cinq tours convexes, dont le dernier très grand, arrondi et relativement très développé. Fente ombilicale nulle. Bord columellaire très arqué, très épais et réfléchi.

F. DUBOISIANA.

Coquille à test *pesant*, *plus ou moins épais*, ordinairement d'une couleur foncée uniforme. Spire obèse-obtuse, à sommet obtus, dont la pointe est un peu aiguë.

VIVIPARA ATRA.

Paludina atra, *Cristofori* et *Jan*, Consp. meth. moll. Mantissa, p. 3, 1832.
Paludina crassa, *Villa*, Disp. syst. conch., p. 35, 1841 ; et Moll. Lomb., p. 9, 1844.
Vivipara atra, *Bourguignat*, in Ann. mal., I, 1870, p. 60.

Espèce très abondante dans le lac de Garde, aux environs de Peschiera et de Sermione.

Test d'un noir-rouge uniforme très foncé. Je possède un échantillon d'un ton olivâtre avec trois zonules d'un beau noir.

Je crois qu'il faut rapporter à l'*atra* la *Paludina fasciata* de Küster (Gatt. Palud., 1852) figurée pl. IV, f. 1, ainsi que les figures 1379 et 1380 des Suites à Rossmässler.

VIVIPARA DUBOISIANA.

Paludina Duboisiana, *Mousson*, Coq. Schlæfli, II, p. 88, 1862.
Vivipara Duboisiana, *Bourguignat*, in Ann. malac., I, 1870, p. 52 et 60.

Cette Vivipare s'étend depuis la Transcaucasie

(Poti, sur le Phase) jusque sur les régions Danubiennes (Ibraïla, Giurgewo), à travers la Russie méridionale, où Mousson la signale à Boutzak, à Werchnednéprowik et à Aleschki, sur le Dnieper.

Il faut rapporter à cette espèce la *Paludina Okaensis* de Clessin (in Jahr. mal. Ges., II, 1875, pl. II, f. 5; — et in Suites à Rossmässler, f. 1382), qui paraît abondante dans le Volga.

VIVIPARA AMBLYA.

Vivipara amblya, *Bourguignat*, in Ann. Mal., I, 1870, p. 53 et 60.

Le Danube à Ibraïla (Berlan) et Giurgewo (Letourneux).

VIVIPARA MICROLENA.

Vivipara microlena, *Bourguignat*, in Ann. mal., I, 1870, p. 54 et 60.

C'est la plus petite des Vivipares d'Europe. (Haut. 18-20, diam. 13-15 mill.) Dans le Bas-Danube, notamment à Ibraïla et à Giurgewo.

G. SPHŒRIDIANA.

Espèces ressemblant à des boules plus ou moins oblongues. Spire très obtuse, ordinairement très courte, à sommet presque rond, néanmoins pourvue d'une petite pointe proéminente. Tours convexes, très renflés. Suture peu profonde, surtout dans les tours supérieurs.

VIVIPARA FLUVIORUM.

Vivipara fluviorum, *Denys de Montfort*, Conch. syst., II, p. 246 et 247, 1810.

Cette espèce, qui a été recueillie dans le Rhin, entre Leyde et Wourdam, à Zwammerdam, patrie du célèbre Jean Jacob, auteur du savant ouvrage le *Biblia naturæ*, est une Vivipare *bulimoïde* de forme oblongue-globuleuse, ayant une apparence ovoïde très prononcée.

Test finement strié, d'une belle teinte verte, avec trois zones d'une nuance plus foncée. Six tours renflés avec une suture peu sensible. Ouverture piriforme, anguleuse et rétrécie à la partie supérieure, dilatée vers la partie inférieure.—Haut. 60, diam. 35; haut. de l'ouv. 30, larg. 25 millim.

VIVIPARA DANUBIALIS.

Vivipara Danubialis, *Bourguignat*, Faune malac. Bas-Danube, in Ann. malac., I, 1870, p. 52.

Abondante dans le Danube, à Ibraïla (Berlan), à Giurgewo (Letourneux).

Je renvoie, pour la connaissance de cette espèce, à la description publiée en 1870 dans les Annales de Malacologie.

VIVIPARA SPHÆRIDIA.

Testa imperforata (rima omnino tecta), tumido-globosa, brevi, obesa, sat crassa, parum nitente, uniformiter sordide griseo subluteolo-olivacea, in supremis lævigata, in ultimo striatula (striæ prope aperturam rudiores ac validiores); — spira brevi, oblongo-rotundata, obtusissima, ad apicem (apex minutissimus) leviter mucronata; — anfractibus 6 ventrosis, regulariter crescentibus, sutura sat impressa separatis; — ultimo oblongo-rotundato, ad insertionem labri recto vel leviter ascendente, dimidiam altitudinis superante; — apertura parum obliqua, oblongo rotundata, superne angulata, inferne latiore, intus subcœruleo-albida, incrassatula, ad margines (præsertim in penultimi ventre) nigrolabiata; — peristomate continuo, non soluto, recto, acuto; — margine externo leviter antrorsum arcuato; — margine columellari crasso, valido, leviter expanso ac super rimam adspresso; — Operculo membranaceo, corneo-rubiginoso (striæ concentricæ argutissimæ), in centro concaviusculo; — alt. 24. Diam. 18. alt. ap. 14 1/2. lat. 11 1/2 millim.

Cette espèce se distingue de la *Danubialis* par sa coquille plus ventrue, plus en forme de boule; par ses tours supérieurs plus gros, plus trapus, moins élevés; par son avant-dernier tour exactement ventru-arrondi offrant, juste à la partie moyenne, le maximum de la convexité (chez la *Danubialis*, la convexité est plus inférieure, et la partie supérieure du tour, bien que convexe, est un tant soit peu méplan, ce qui donne à ce tour une légère apparence anguleuse) ; par sa spire moins élancée, plus trapue; arrondie et d'un diamètre plus large; par son bord externe sensiblement arqué en avant à sa partie moyenne; etc.

VIVIPARA THIESSEANA.

Vivipara Thiesseana, *Letourneux,* in Litt.

Cette nouvelle Vivipare, dédiée à Mlle Joséphine Thiesse, de Calchis, est encore une espèce d'une forme globuleuse d'un aspect tout particulier.

Bien qu'un peu plus allongée que la *sphœridia*, elle se distingue nettement de cette espèce par la spire un peu plus élancée, moins arrondie, obtuse; par ses tours supérieurs plus développés, plus haut, occupant une plus large place; par son dernier tour moins gonflé, plus oblong, moins exactement et moins régulièrement convexe; enfin, plus ascendant à l'insertion du bord externe; par son ouverture sensiblement plus oblongue, avec une partie supérieure plus anguleuse et plus remontante; par son bord externe, non arqué en avant, mais descendant un peu obliquement d'une façon rectiligne; par son bord péristomal, non droit, mais notablement évasé et dilaté sur tout le contour externe.

La *Thiesseana*, qui ressemble comme forme à certains bulimes américains, notamment au *Bulimus nucleus* de Sowerby (*Férussac*, Moll., pl. CXXXIX, f. 15-16), est caractérisée par une coquille oblongue, ovoïde-globuleuse, à test assez terne, d'un brun-jaunacé-olivâtre, finement strié, sauf vers l'ouverture, où les striations deviennent de plus en plus prononcées et rugueuses. Six tours convexes, à croissance régulière. Suture bien accentuée, quoique les tours paraissent à peine séparés les uns des autres. Dernier tour oblong-convexe, ascendant à l'insertion du labre, dépassant la moitié de la hauteur. Ouverture suboblique, piriforme, très anguleuse à sa partie supérieure, d'un blanc bleuâtre à l'intérieur; péristome continu, aigu, sensiblement évasé sur tout son contour, notamment à l'insertion supérieure du bord externe; bord columellaire robuste, épais, patulescent; bords marginaux réunis par une callosité blanchâtre, bordée de noir et recouvrant, au sommet du bord columellaire, la fente ombilicale.— Haut. 26, diam. 20; haut. ouv. 15, larg. ouv. 12 millim.

Cette Vivipare, dont je ne connais pas l'opercule, a été recueillie sur les bords du Danube, aux environs de Giurgevo (Letourneux).

VIVIPARA STRONGYLA.

De toutes les Vivipares de ce groupe, la *strongyla* est, sans contredit, celle qui ressemble le plus à une petite boule. Presque aussi large que haute, cette forme est surtout remarquable par l'énorme développement de ses deux derniers tours par rapport à ses tours supérieurs, qui sont réduits à fort peu de chose.

Testa imperforata (rima omnino tecta), globosa, pertumida, parum nitente, uniformiter griseo-lutescente, cum zonulis duabus (quarum una mediana, altera infera) fere evanescentibus; eleganter striata (striæ prope aperturam validiores) et argutissime spiraliter substriolata; — spira brevi, obtusissima, rotundata, superne apice minutissimo ac calcareo submucronata; — anfractibus 5 1/2-6 tumido-convexis (superiores parvuli; penultimus ac ultimus maximi), velociter crescentibus, sutura inter superiores mediocri, inter inferiores profundiore separatis; — ultimo exacte rotundato, ad insertionem labri descendente; — apertura vix obliqua, subrotundata, superne subangulata, intus albidula, — peristomate continuo, non soluto, recto, acuto; margine columellari parum crasso, non patulo; — operculo corneo (striæ concentricæ validæ), in centro concavo; — Alt. 22. Diam. 19. Alt. ap. 13. Lat. ap. 10 millim.

Cette espèce, bien distincte des précédentes, par sa forme écourtée, globuleuse, par ses tours supérieurs presque nuls en comparaison des deux derniers, a été trouvée par notre ami le conseiller Letourneux sur les bords du Danube, aux environs de Giurgewo (Valachie).

Telles sont les Vivipares *vivantes* du système européen qui m'ont paru dignes d'être distinguées et caractérisées.

Il me reste à dire un mot sur la *Vivipara moquiniana* de Toulouse.

M. Roumeguère (in. Mém. Acad. sc. Toulouse, 1858), a publié sous l'appellation de *Paludina Moquiniana* une petite coquille des fossés d'eaux saumâtres du Calvaire, près la Garonne, à Toulouse.

Cette forme, qui, à mon sens, semble n'être qu'une coquille *non adulte*, possède, d'après Roumeguère, les caractères suivants :

Test mince, jaunâtre, fragile, légèrement rugueux (presque toujours recouvert d'un limon verdâtre), de forme oblongue-conique. Fente ombilicale apparente seulement chez les plus gros individus. Spire aiguë, conique. Quatre tours carénés. Dernier tour égalant la moitié de la hauteur. Suture linéaire. Ouverture large, subquadrangulaire (d'après les figures), anguleuse : 1° à la partie médiane du bord externe, par suite de la carène ; 2° à la base de l'ouverture.— Haut. 5 à 7 millim., diamètre égalant sa hauteur.

Autrefois (in Spicilèges malacologiques, 1862), lorsque je rangeais, sous le nom de *contecta*, toute une série d'espèces que je sépare actuellement, j'avais considéré cette *Moquiniana* comme le jeune âge de la *contecta*.

Maintenant je reconnais que cette coquille ne possède les caractères, ni d'une jeune *contecta* ou d'une *communis*, ni ceux d'aucunes autres Vivipares *non adultes* de France. Je suis donc très embarassé pour le classement de cette forme et sur sa valeur spécifique. C'est pourquoi j'appelle sur elle l'attention des naturalistes de Toulouse.

RECTIFICATION

La Vivipara d'Angleterre que j'ai publiée (page 43) sous le nom de ***Forbesi*** doit porter dorénavant celui de NEVILLI, en l'honneur de sir G. Nevill, de Calcutta, parce qu'il existe une *Vivipara Forbesi* fossile de l'île de Cos (Archipel), publiée dans le Journal de Conchyliologie, p. 77, 1875.

PARIS. — IMP. DE Mme Ve BOUCHARD-HUZARD, RUE DE L'ÉPERON, 5.
JULES TREMBLAY, GENDRE ET SUCCESSEUR.

www.ingramcontent.com/pod-product-compliance
Ingram Content Group UK Ltd.
Pitfield, Milton Keynes, MK11 3LW, UK
UKHW020407220726
13923UKWH00004B/1787

FACULTÉ DE MÉDECINE ET DE PHARMACIE DE LILLE

Année Scolaire 1912-1913

THÈSE

N° 40

POUR

LE DOCTORAT DE L'UNIVERSITÉ DE LILLE

(Mention Pharmacie)

Présentée et soutenue le Mardi 17 Décembre 1912, à 6 heures

PAR

M. VIVIEZ (Charles-Jules)

Né le 30 Mai 1870, à Heuchin (Pas-de-Calais)

PRÉSENTATION D'UN APPAREIL
DESTINÉ A LA DÉTERMINATION CLINIQUE
DU CHIMISME RESPIRATOIRE

Le Candidat répondra, en outre, aux questions qui lui seront adressées sur les différentes parties de l'enseignement pharmaceutique

Président de la Thèse : M. LESCOEUR.

Suffragants : MM. WERTHEIMER.
DOUMER.
DUBOIS.

LILLE
E. DUFRÉNOY, ÉDITEUR
10, Rue Jean-Bart, 10
1912

HARLES VIVIEZ
60, rue Esquermoise, Lille

PRÉSENTATION D'UN
APPAREIL
DESTINÉ A LA DÉTERMINATION CLINIQUE DU CHIMISME RESPIRATOIRE

LILLE
E. DUFRÉNOY, Éditeur
10, Rue Jean-Bart, 10
—
1912

A MON ÉPOUSE

A MON PÈRE, A MA MÈRE

Témoignage d'affection.

A FEU MON BEAU-PÈRE

A MA BELLE-MÈRE

A MES FRÈRES, A MON BEAU-FRÈRE

A MES BELLES-SŒURS

A MES ONCLES ET TANTES

A MES NEVEUX ET NIÈCES

A MES PARENTS ET A MES AMIS

A MONSIEUR LESCŒUR
Professeur de chimie et toxicologie

Modeste témoignage d'une reconnaissance qui date de vingt ans.

AVERTISSEMENT DE L'AUTEUR

Je suis un praticien. Mes occupations professionnelles consistent principalement à construire et à réparer les appareils médicaux ou scientifiques. Ayant à trouver un sujet original de travail, j'ai été naturellement conduit à le choisir dans le domaine que j'exploite chaque jour.

Une première série de recherches *sur les matières premières employées dans la prothèse médicale et orthopédique* a rencontré des difficultés imprévues; j'ai dû les abandonner.

Monsieur le professeur Lescœur m'ayant signalé l'intérêt qu'il y aurait pour les médecins à posséder sur le « chimisme respiratoire » une documentation critique, faite surtout au point de vue de l'instrumentation et de la clinique, j'ai réuni sur ce sujet les divers renseignements que j'ai pu trouver dans la littérature scientifique et les catalogues de constructeurs médicaux.

Le résultat de ces études et comparaisons a été l'établissement d'un appareil, que j'ai l'honneur de soumettre à l'appréciation de mes Maîtres.

La présentation de cet appareil, sa description détaillée, les particularités motivées de son fonctionnement constitueront le chapitre II de cette rédaction, le but essentiel de mes efforts.

Je l'ai fait précéder d'un premier chapitre contenant la critique des appareils et méthodes antérieures et suivre d'un troisième chapitre, contenant, à titre d'application ou d'exemple, un certain nombre de déterminations cliniques.

Je remercie tous mes maîtres de la complaisance avec laquelle ils ont facilité mon travail et tout particulièrement Monsieur Lescœur qui n'a cessé de me prodiguer ses encouragements et ses conseils.

Je prie également M. le docteur Léon Lescœur, d'agréer mes remerciements pour son aide et son amabilité constante, durant mon passage au laboratoire de chimie.

CHAPITRE PREMIER

LE CHIMISME RESPIRATOIRE. HISTORIQUE ET APPAREILS

1° **Lavoisier**. — La question du « chimisme respiratoire » date de LAVOISIER; sans doute, avant lui, l'acide carbonique, l'oxygène étaient déjà connus (VAN HELMOND, PRIESTLEY). On soupçonnait déjà l'identité des phénomènes respiratoires avec ceux de la combustion du charbon (Jean MAYON, 1662). Mais toutes nos connaissances précises sur ce sujet remontent aux travaux de LAVOISIER. Celui-ci publia en 1777 un premier mémoire sur *La respiration des animaux et les changements qui arrivent à l'air en passant par leurs poumons*, qui peut être considéré comme l'origine de tout ce qui a été écrit sur le sujet. Il est d'ailleurs plusieurs fois revenu sur cette question, notamment en 1780, 1785 et en 1790.

C'est aussi dans ces travaux qu'il faut chercher les origines de l'instrumentation du chimisme respiratoire.

La technique de ce grand savant était fort rudimentaire. L'appareil se composait simplement d'une cloche sur le mercure. *Pour déterminer les altérations que la respiration des animaux occasionne à l'air pur, nous avons rempli, de ce gaz, la cloche* B *de l'appareil précédent* (cloche sur le mercure) *et nous y avons introduit différents cochons d'Inde* (1)... *Pour introduire l'animal sous la cloche, nous l'avons fait passer à travers le mercure; nous l'en avons retiré de la même façon.*

Cette disposition laisse à désirer au point de vue du sujet soumis à l'expérience. Elle est également vicieuse quant à l'exactitude des résultats.

En introduisant l'animal, en le retirant de dessous la cloche, nous avons observé que l'air extérieur pénétrait un peu dans l'intérieur le long du corps de l'animal, quoique plongé en partie dans le mercure; ce fluide ne s'applique pas assez exactement contre la surface des poils et de la peau pour empêcher toute communication entre l'air extérieur et l'air intérieur de la cloche; ainsi l'air doit paraître moins diminué par la respiration qu'il ne l'est en effet.

Avec une instrumentation aussi rudimentaire, LAVOISIER vit que le volume d'acide carbonique dégagé est un peu moindre que le volume d'oxygène absorbé.

2º **Regnault** et **Reiset**. — La méthode de REGNAULT et REISET marque une deuxième étape dans l'étude

(1) Mémoires sur la chaleur par MM. LAVOISIER et DE LAPLACE. *Mémoires de l'Académie des Sciences,* année 1780, p. 355.

des phénomènes chimiques de la respiration (1). Ces travaux sont devenus classiques. Les petits animaux étaient introduits dans une cloche de verre mastiquée hermétiquement sur un disque. Un système ingénieux forçait le contenu gazeux de la cloche à circuler dans des pipettes contenant une solution de potasse, qui le dépouillait de son acide carbonique. Le vide produit par l'absorption de ce gaz était comblé par une rentrée équivalente du gaz oxygène.

L'appareil de Regnault et Reiset (1849) ne s'appliquait guère qu'aux animaux. Hope-Seyler en construisit un dérivé spécialement adapté à des expériences sur l'homme. Le sujet prend place dans une chambre respiratoire qui ressemble extérieurement à une chaudière de machine à vapeur. Les pompes des moteurs actionnent la circulation du gaz, etc. Il suffit de jeter un coup d'œil dans les traités de physiologie pour juger de l'extrême complication de l'appareil et de l'élévation de son prix de revient.

Cette méthode fournit des résultats analytiques fort exacts. Elle a notamment permis de montrer l'existence habituelle dans l'air expiré d'un léger excès d'azote formé dans le corps et provenant sans doute de la destruction des albuminoïdes.

3º Procédés où l'on établit une ventilation d'air. — 1. Cette méthode avait été employée d'abord par

(1) Regnault et Reiset. — Recherches sur la respiration des animaux. *Annales de chimie et de physique* (3), t. XXVI, p. 229, 1849.

Lavoisier et de Laplace (Mémoire sur la chaleur, par MM. Lavoisier et de Laplace. Mémoires de l'Académie des Sciences, année 1780, p. 355). *Nous avons ensuite déterminé la quantité d'air fixe (acide carbonique) produit par un cochon d'Inde lorsqu'il respire l'air même de l'atmosphère. Pour cela, nous en avons mis un dans un bocal à travers lequel nous avons établi un courant d'air atmosphérique. L'air comprimé dans un appareil, fort commode pour cet objet, entrait dans un bocal par un tube de terre et en sortait par un second tube recourbé dont la partie concave plongeait dans le mercure et dont l'extrémité inférieure aboutissait dans un flacon rempli d'alcali caustique, il en sortait ensuite par un troisième tube qui lui-même communiquait avec l'atmosphère L'air fixe formé par l'animal dans l'intérieur de la cloche était retenu en grande partie par l'alcali caustique du premier flacon et celui qui échappait à cette combinaison était absorbé par l'alcali du second flacon; l'augmentation du poids des flacons nous faisait connaître le poids de l'air fixe qui s'y était combiné......*

Si les vapeurs de la respiration emportées par le courant d'air se fussent déposées dans les flacons, l'augmentation du poids de l'alcali caustique n'aurait pas donné la quantité d'air fixe produite par l'animal; c'est pour obvier à cet inconvénient que nous avons employé un tube recourbé dont la partie concave plongeait dans le mercure. Ces vapeurs de la respiration se condensaient contre les parois de cette partie du tube et se ressemblaient dans sa concavité, en sorte qu'à son entrée dans le premier flacon, l'air n'en était pas sensiblement chargé, car la transparence de la partie du tube qui descendait dans le flacon n'a point été altérée.

2. SCHARLING, PETTENKOFER. — SCHARLING (1) a construit un appareil applicable à l'homme. *Il consiste en une grande caisse en bois de 1 mètre cube de capacité environ... La partie inférieure était munie d'un orifice communiquant avec une ampoule de* LIEBIG *destinée à dépouiller d'acide carbonique l'air à son entrée.... La partie supérieure de la caisse était percée de deux ouvertures destinées à livrer passage au gaz à sa sortie....* Mais en sortant, le gaz passait :

1° Dans un flacon contenant de l'acide sulfurique destiné à arrêter toute humidité;

2° Dans deux flacons placés à la suite l'un de l'autre et contenant une lessive concentrée de potasse. A la fin de l'expérience, la proportion d'acide carbonique fixée par les appareils à potasse, était déterminée par une simple pesée.

Cet appareil paraît aujourd'hui bien primitif et la technique un peu rudimentaire. Lorsque l'aspiration produite par le système à écoulement d'eau était un peu forte, le robinet mal réglé : *la pression s'exerçait déjà d'une manière si prononcée sur les parois de la caisse, qu'au premier moment on entendait un craquement.*

(1) SCHARLING. — Recherche de la quantité d'acide carbonique expiré par l'homme dans les 24 heures, *Annales de chimie et de physique* (3), T. VIII, page 478.

L'auteur remarque que la composition de l'air n'est pas dans l'intérieur de la caisse, aussi uniforme qu'il eût été souhaitable, *sauf pourtant le cas où la personne en expérience avait soin d'agiter l'air avec un plumeau.... Dans la plupart des expériences, la personne séjournait environ une heure dans la caisse, quelquefois une heure et demie, mais souvent aussi trente et quarante minutes seulement.*

Enfin, malgré tout ce que Scharling pouvait faire pour rendre le séjour de sa caisse confortable et attrayant, il note souvent une anxiété très grande dans les premiers moments de la réclusion et il a quelquefois la contrariété d'être obligé de suspendre l'expérience, le sujet se refusant à continuer.

3. Pettenkofer a beaucoup perfectionné le dispositif de Scharling. Le sujet est enfermé dans une petite chambre, ou caisse en tôle. Un courant d'air destiné à assurer la respiration est fourni par une pompe. Le volume de l'air est compté exactement à la sortie et à l'entrée. L'analyse est également faite à l'entrée de sorte que l'on établit une comptabilité exacte d'où résulte l'oxygène absorbé, l'acide carbonique et la vapeur d'eau dégagée.

Cet appareil permet de faire respirer au sujet un air constamment renouvelé; il a été employé non seulement pour les animaux, mais aussi sur l'homme. L'expérience peut être prolongée pendant fort longtemps.

L'appareil est complété par des méthodes analytiques perfectionnées, notamment pour le dosage de l'acide carbonique qui se fait par l'eau de baryte, suivant un procédé actuellement classique. Mais au lieu de doser l'acide carbonique, comme SCHARLING, dans la totalité de l'air expiré, on n'opère que sur une partie du mélange.

Ces travaux, les plus considérables qui aient été exécutés sur le chimisme respiratoire, ont eu pour unique préoccupation la rigueur des résultats scientifiques. La complication des appareils, le temps consacré aux expériences ne comptaient pas pour les opérateurs. En fait, c'est par ces moyens qu'ont été fixées les bases physiologiques du chimisme respiratoire.

Dans ces méthodes, on isole complètement le sujet dans un milieu fermé, et l'on recueille, à la fin de l'expérience, les produits de la respiration pulmonaire et ceux de la perspiration cutanée. Il est nécessaire que tout le corps du sujet soit dans un espace clos ou *chambre respiratoire.*

Chambre respiratoire. — Nous avons vu que cet appareil rudimentaire, dans les expériences de LAVOISIER, a pris successivement des dimensions de plus en plus fortes. Actuellement, c'est un véritable immeuble, il suffit pour en être convaincu de se reporter aux expériences de PETTENKOFER. Ses dimensions suffiraient à l'exclure de la pratique; la complication des analyses, qui se sont corrélativement développées, ajoutent aux difficultés de la méthode.

Nous ne citons donc cet appareil que pour en signaler la contrindication absolue.

Masque respiratoire. — On peut heureusement considérablement modifier le matériel. Au lieu d'enfermer l'individu dans une chambre de façon à l'isoler entièrement du milieu ambiant, on peut distraire seulement la fonction respiratoire.

A cet effet : la face, ou plus simplement la bouche et les narines, sont garnies d'un appareil dit *masque respiratoire*. Les gaz nécessaires à la respiration y sont amenés par un tube en caoutchouc ; les gaz, produits de la respiration, sont recueillis par un autre tube de même nature. Un système de soupapes sépare les uns des autres et permet de les mesurer et de les analyser.

La première mention que nous trouvons de cet appareil remonte aux recherches d'ANDRAL et GAVARRET (1).

Cet appareil se compose d'un masque imperméable de cuir. *Les bords du masque sont munis d'un bourrelet en caoutchouc destiné à exercer une douce pression sur les parties vivantes et à s'opposer à toute perte de gaz expiré.*

L'air expiré peut pénétrer librement dans le masque par un tube, *mais de très légères soupapes, placées dans ce tube, s'opposent à ce que l'air expiré puisse s'échapper par cette voie.* En face de la bouche se trouve une ouverture O, par laquelle l'air expiré est entraîné. On provoque, en effet, un appel d'air à travers le masque et voici comment :

L'ouverture O *étant mise en communication au moyen d'un tube de caoutchouc avec un système de ballons collecteurs, d'une capacité de 140 litres, dans lesquels le vide a été préalablement pratiqué. Le masque est solidement fixé sur la face du sujet en observation. Alors on ouvre le robinet* B, *le tirage dans le ballon détermine par le tube* TV' *un courant d'air extérieur à travers le masque.*

En procédant ainsi ANDRAL et GAVARRET recueillaient à chaque expérience à peu près constamment 130 litres de gaz et l'opération durait de 8 à 13 minutes chaque fois.

Mais ce n'est là que le premier temps de l'opération : la récolte du

(1) ANDRAL et GAVARRET. — *Annales de chimie et de physique* (3), T. VIII, p. 129, 1843. Recherches sur la quantité d'acide carbonique exhalée par le poumon dans l'espèce humaine.

gaz. On prend maintenant la température et la pression et on fait les corrections pour avoir le volume à 0° et à 760 mm.

Pour déterminer l'acide carbonique contenu dans le gaz recueilli, les auteurs emploient une technique semblable à celle de Dumas et Boussingault, aspiration du gaz à travers du tube à acide sulfurique qui s'empare de l'humidité; puis à travers des tubes à potasse qui absorbent l'acide carbonique, etc.

L'opération devait durer de douze à quinze heures.

L'on peut faire de sérieux reproches à la méthode d'Andral et Gavarret. Par suite de l'appel continu, provoqué à travers la soupape du masque, par les ballons collecteurs dans lesquels est provoqué le vide, ceux-ci reçoivent une certaine quantité d'air qui ne vient pas des poumons, mais directement de l'atmosphère par les fissures et joints du masque. Le dosage, dans l'air recueilli, de l'oxygène, de l'azote et même de l'acide carbonique, ne peut signifier grand chose d'exact.

Le principe des appareils actuels, masques respiratoires, spiromètres, etc., n'a pas changé, mais la construction en a été perfectionnée.

§ 1. Les premiers masques respiratoires étaient constitués par une pièce emboutie en métal, épousant, aussi étroitement que possible, les reliefs de la figure.

Fig. 1.

§ 2. On a construit, ensuite, des masques également en métal, mais les joints avec la face se trouvaient comblés par un coussin en caoutchouc plein, fixé sur leurs bords. Les premiers appareils de cette espèce avaient simplement la forme d'un entonnoir, ce qui dénotait une adaptation plutôt difficile (fig. 1).

§ 3. La figure 2 a un cornet également métallique, mais un coussin de catoutchouc gonflable ; seulement la forme ovale de l'ouverture concourt à une étanchéité plus facile à obtenir que dans le précédent modèle.

Fig. 2.

§ 4. La maison Collin, de Paris, fit faire, en son temps, un progrès sensible aux précédents masques respiratoires. Toujours en vue d'une adaptation plus parfaite sur le visage, la moitié du cornet métallique opposée au sommet du cône était en feuille anglaise bordée d'un coussin gonflable (fig. 3).

Fig. 3.

§ 5. Entre temps, l'ébonite fut essayée avec découpure faciale la plus exacte possible à un modèle idéal qui ne pouvaient cependant correspondre à tant d'angles divers trouvés sur les visages des patients.

Ces masques d'origine allemande, presque seul pays où l'on travaille le caoutchouc durci, gagnaient certainement en légèreté, mais étaient d'une étanchéité douteuse (fig. 4).

Fig. 4.

§ 6. Pour obvier à ce dernier inconvénient, un coussin de caoutchouc fut proposé. Cette modification heureuse, au sens de l'adaptation, n'enleva pas à ce nouveau masque

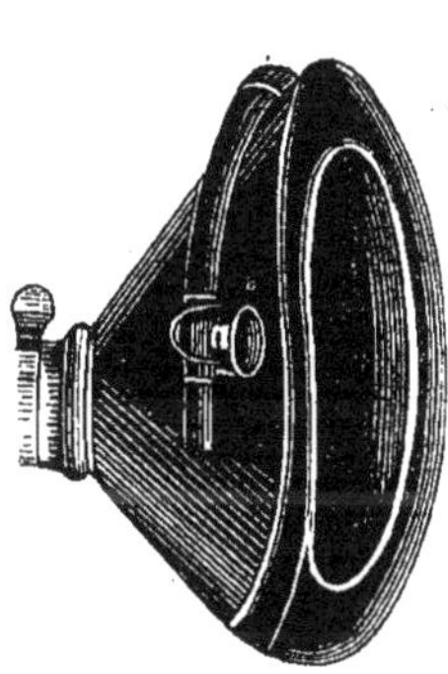

Fig. 5.

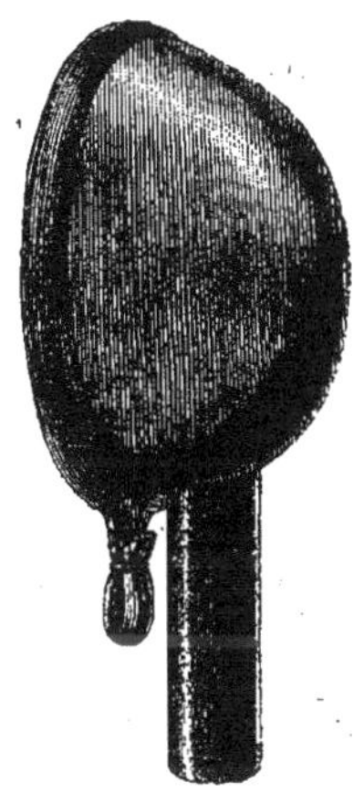

Fig. 6.

l'impossibilité de la stérilisation et la fragilité inhérente à sa matière première (fig. 5).

§ 7. HAUSSEMANN père, caoutchoutier à Paris, est l'un des premiers qui songea à employer la feuille anglaise pour les masques respiratoires. Cette matière rendait l'appareil souple adhérent susceptible de

stérilisation à l'eau bouillie ou à l'étuve. Cependant, vu sa forme, malgré son coussin gonflable, à cause de sa souplesse surtout, des fuites étaient à craindre au moment de l'usage (fig. 6).

§ 8. Les Allemands plagiaires s'empressèrent de modifier la forme rudimentaire du § 7 et en donnèrent une autre plus adéquate aux narines et à la bouche. Leur feuille, cuite au sulfure de carbone, donna un appareil plus rigide et partant plus pratique (fig. 7).

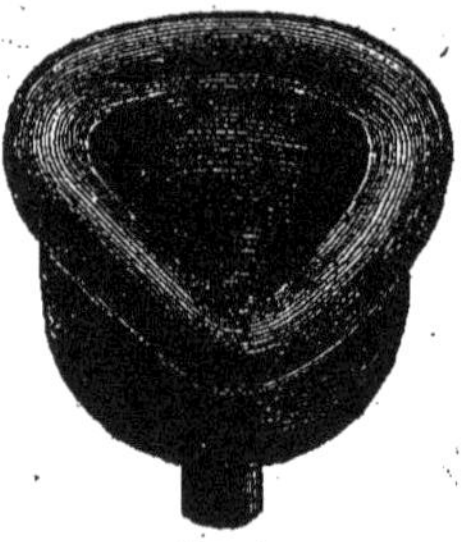

Fig. 7.

§ 9. Cependant, en s'inspirant des mêmes principes, et en restant plus sobre dans les détails des parois, on parvint à produire un appareil qui approchait de la perfection comme souplesse et adhérence; forme esthétique et possibilité de stérilisation (fig. 8).

Fig. 8.

§ 10. Les appareils les plus simples sont les meilleurs. Le docteur Ricard pour son appareil à chloroforme conserva la forme déjà parfaite du § 9 tout en supprimant le coussin gonflable, jugé depuis longtemps indispensable. Il obtint dès lors un simple cornet assez ample en feuille anglaise épaisse, dont les faces intérieures vinrent s'appliquer sur le visage. Un petit encadrement métallique servit à fixer le nouvel appareil sur le visage grâce à un fil élastique passant derrière la nuque (fig. 9).

Fig. 9.

Le masque respiratoire, au complet, se compose actuellement.

1° D'une embouchure en caoutchouc souple embrassant seulement la bouche et les narines et permettant par simple pression modérée d'isoler complètement la fonction respiratoire.

2° De deux tubes en caoutchouc souple permettant l'arrivée et le départ des gaz de la respiration.

3° De deux soupapes placées à l'origine des tubes en caoutchouc, agissant en sens inverse l'une de l'autre; la première pour empêcher l'air après aspiration de refluer par le tube d'arrivée; la seconde pour prévenir l'aspiration de l'air expiré. Naturellement ces deux pièces sont d'un travail très soigné. Elles sont en métal inoxydable : maillechort ou aluminium.

On voit facilement les avantages de cet appareil au point de vue clinique; il y a aussi des inconvénients.

Inconvénients du masque respiratoire. — 1° *Un premier désavantage est la gêne que l'emploi de cet instrument apporte à la respiration du sujet* : L'obstacle effectif apporté à la circulation des gaz doit être très faible et tend à disparaître en employant un appareil bien construit.

Il y a de plus, un sentiment d'appréhension instructive de l'organisme, dont l'effet est de modifier plus ou moins le rythme respiratoire. Le constructeur ne peut rien contre cet effet qui est une pure suggestion.

Ce sentiment se produit d'ailleurs également chez l'homme qu'on enferme dans une caisse bien que sa respiration se trouve parfaitement assurée.

2° *Etanchéité du masque avec la face, et dans le fonctionnement des soupapes, non absolument complète.* Il est difficile d'obtenir une jonction parfaite entre le masque et la surface du visage, surtout dans une partie du corps aussi mouvementée que celle qu'il s'agit de limiter. Les soupapes ne peuvent être absolument étanches ; mais ce sont là des détails de construction. Un bon ouvrier rendra ces inconvénients à peu près négligeables.

3° *Espace nuisible.* L'objection la plus sérieuse est la formation, par le présent appareil, en avant de la bouche et du nez entre les soupapes et l'organe respiratoire, d'un espace fermé dans lequel séjourne l'air, aussi bien celui qui est *inspiré*, qui demeure ainsi sans atteindre le poumon que l'air *expiré* qui rentre une seconde fois dans le poumon sans atteindre l'analyseur. Cette objection s'applique non seulement à l'appareil, mais à la méthode elle-même.

L'indication est très nette en ce qui concerne le constructeur : *il doit rendre l'espace nuisible aussi petit que possible.*

Enregistrement automatique des volumes et de la composition chimique. — La mesure des volumes gazeux au moyen de gazomètres est pénible, demande beaucoup de soins et exige de nombreuses corrections. Les compteurs à gaz offrent un moyen commode de faire automatiquement la même détermination. Ce procédé a déjà été largement mis en usage par PETTENKOFER et VOIT dans leurs travaux.

Actuellement on tend à faire exécuter par des compteurs à gaz, non seulement la mesure des volumes gazeux, mais même les analyses.

HANRIOT et Charles RICHET (1) 1886, font respirer le sujet au moyen d'un masque respiratoire muni de valvules. Le volume d'air inspiré, privé du gaz acide carbonique et saturé de vapeur d'eau A est mesuré au moyen d'un compteur. Il en est de même de l'air expiré, qui est déterminé par le passage dans deux compteurs à gaz avant et après absorption du gaz carbonique par la potasse B et C.

Le volume B-C représente l'acide carbonique fourni par la respiration. Le volume A-C représente l'oxygène absorbé.

(1) HANRIOT et Ch. RICHET. — *Compte rendu de la Société de Biologie*, décembre 1886.

Cette méthode élégante semble pratique et pourrait, sans doute, avec peu de modifications devenir clinique. Mais il faudrait se rendre compte de son degré d'exactitude.

Les compteurs à gaz sont un moyen de mesure du volume des gaz dont nous ignorons l'approximation. Il faudrait d'abord étudier la construction de ces instruments et se rendre compte de la rigueur des indications qu'ils fournissent.

Est-il possible de posséder trois compteurs, *c'est le nombre de ces instruments qu'il faudrait posséder pour les déterminations que nous avons en vue*, lesquels juxtaposés et traversés par le même volume gazeux inscriraient toujours et identiquement le même résultat. S'il n'en est pas ainsi rigoureusement, les différences marquées, comptées en acide carbonique et en oxygène, n'auraient aucun rapport avec les données.

Enfin des compteurs parfaits, s'il en existe, seraient d'un prix très élevé et constitueraient une solution pas trop dispendieuse du problème dont nous envisageons l'étude.

CHAPITRE II

APPAREIL DE L'AUTEUR

Les considérations qui précèdent montrent clairement la direction à suivre, si l'on veut faire du chimisme respiratoire une donnée clinique.

Une première indication est de réduire le problème à sa plus simple expression, d'élaguer de la question tout ce qui n'a pas un intérêt médical immédiat. Ainsi, la composition chimique de l'air est sensiblement invariable. Aucune utilité n'existe à doser l'eau ou l'acide carbonique qui se trouvent dans l'air inspiré.

La détermination du volume de l'air inspiré dans un temps donné et surtout sa comparaison au volume de l'air expiré dans le même temps sont des problèmes de physiologie, mais ne nous intéressent pas. On sait que ces volumes sont peu différents de l'un de l'autre. En admettant qu'ils se confondent, on s'écartera peu de la réalité.

Il est au contraire de toute importance de mesurer dans l'air expiré la quantité d'acide carbonique contenu et le volume d'oxygène disparu.

La conséquence pratique est qu'il *suffit pour la*

clinique de recueillir un certain volume de l'air expiré et d'y déterminer l'oxygène disparu et l'acide carbonique produit. Le problème clinique, on le voit, se trouve donc fortement simplifié. Il se subdivise en :

1° Récolte de l'air expiré ;

2° Son analyse.

§ 1. — RÉCOLTE DE L'AIR EXPIRÉ

1° Masque respiratoire. — Un appareil s'impose, c'est le masque respiratoire. Nous avons dit dans le chapitre premier les avantages et les défauts de ces appareils, nous ne reviendrons pas sur ces considérations. L'instrument que nous avons adopté présente les conditions suivantes :

a) *Etanchéité des joints.* — Nous nous sommes étendus largement dans le précédent chapitre sur cette question qui a une importance très grande et qui est générale à tous les masques employés tant en médecine que dans l'industrie. Le masque du paragraphe 9 avec son encadrement métallique paraît le plus propre à assurer une étanchéité parfaite entre le visage et l'appareil lui-même.

b) *Ajustage des soupapes.* — Le jeu des soupapes doit être aussi parfait que possible, les parties de l'instrument doivent être l'objet d'un travail très soigné. Valves larges et d'un certain poids ; l'aluminium, en effet, métal extra-léger avait attiré notre attention, sa légèreté même rend à un moment donné sa fermeture moins exacte. Le maillechort, métal inoxydable, plus lourd, marque mieux les temps d'ouverture et de fermeture complète.

c) *Réduction à son minimum de l'espace nuisible.* — Les conditions ci-dessus sont communes à tous les masques respiratoires. Elles sont remplies par tous les masques destinés à la chloroformisation ou à l'éthérisation. Le but que nous poursuivons exige une condition en plus : c'est la réduction minima de l'espace nuisible. Notre appareil donc sera borné au strict indispensable pour assurer la circulation de l'air par la bouche et les narines.

2° Emmagasinage de l'air expiré. — a) *Usage du ballonnet en caoutchouc.* — L'usage du ballonnet en caoutchouc est assurément le moyen le plus commode pour recueillir et conserver les gaz expirés et c'est celui que nous avons adopté au début.

Cependant, nous n'avons pas tardé à reconnaître que la perte d'acide carbonique était notable après un séjour un peu prolongé. C'est ainsi qu'en vingt-quatre heures l'air expiré, conservé dans un ballon de dix litres, peut perdre à travers ses parois jusqu'à la moitié de sa teneur en acide carbonique.

Voici une expérience qui peut donner une idée de la rapidité avec laquelle CO^2 passe à travers la feuille anglaise de notre réservoir.

10 heures,	18 novembre 1912,		21°	3.5 %
12 »	»	»	21°	3.3 »
15 »	»	»	21°	2.9 »
18 »	»	»	21°	2.7 »
10 »	19 novembre 1912,		21°	1.85 »

Cependant, on peut comme le conseille WEISS, dans son traité de physique biologique, employer la vessie disséquée du cheval ou celle du porc, enduite d'huile de pétrole. Les parois en seraient, paraît-il, le meilleur agent souple comme pour s'opposer aux échanges gazeux.

b) *Usage de la pipette spéciale.* — Nous avons construit une pipette spéciale qui permet de recueillir le volume nécessaire à l'analyse, soit 100 cc. prélevé sur une moyenne de 15 à 20 expirations. Ce nouvel instrument est composé d'un ballon en verre A de

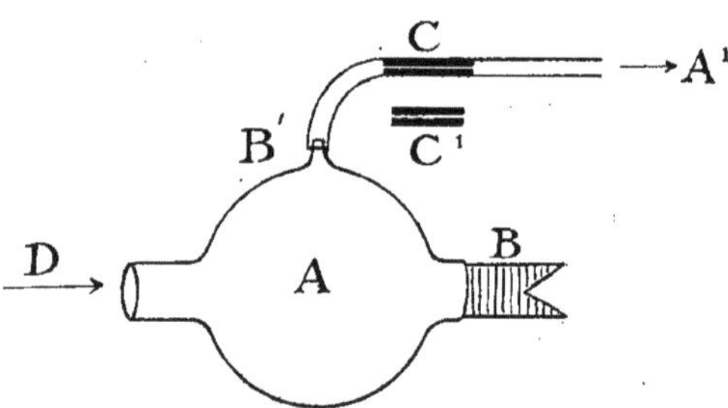

150 cc. environ. Il comporte une entrée D directement reliée au masque respiratoire, une première sortie en B, munie d'une soupape en caoutchouc permettant à l'air expiré de gagner l'air libre, une seconde sortie en B', qui est reliée par un tube en caoutchouc à l'analyseur. Un tube capillaire C ne laisse passer qu'une petite quantité à la fois l'air à analyser.

En supposant que l'air expiré arrive en A par D, une légère pression est produite dans le ballon grâce à la soupape B qui permet quand même à l'excès des gaz de sortir. Cette même pression est mise à profit par le tube B' qui prélève les 100 cc. nécessaires à l'analyseur. Des tubes capillaires C, C' de diamètres différents pourront régler le temps d'entrée par conséquent le nombre d'expirations utiles.

Cette méthode pourra seulement servir quand le patient sera devant l'analyseur.

§ 2. — ANALYSE DE L'AIR EXPIRÉ

A. Description de l'analyseur. — Le principe de notre appareil repose sur l'emploi d'une prise unique de gaz dont nous mesurons :

1° le volume total = A;

2° le volume après l'absorption du gaz carbonique par une lessive de potasse = B;

3° le volume enfin après absorption de l'oxygène par le pyrogallate de potasse = C.

On obtient ainsi :

$$CO^2 = A - B$$
$$O = B - C$$

Ces opérations se font dans un appareil unique.

Entrons dans les détails : l'appareil se compose essentiellement :

1° d'un appareil mesureur;

2° d'un appareil absorbant.

Le schéma suivant aidera à la démonstration :

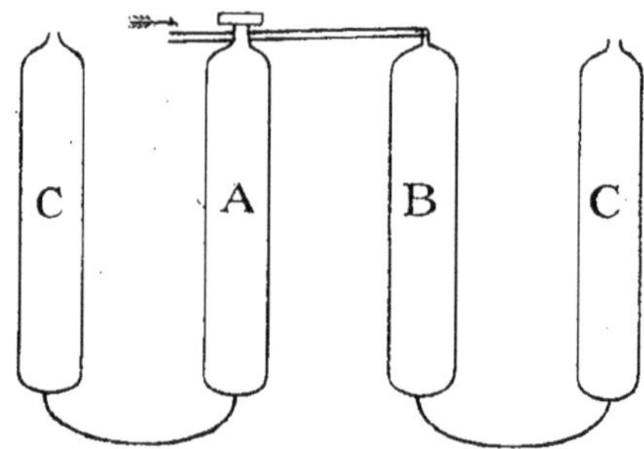

A Tube mesureur.

B Tube absorbant.

C. C. (C') Récipients contenant des liquides pouvant, par abaissement ou élévation, appeler ou chasser les gaz en A et B.

§ 1. *Détail du robinet.* — L'appareil comprend un seul robinet à plusieurs voies. Il est construit d'une façon spéciale permettant :

1° l'isolement du mesureur;

2° la communication du mesureur avec le gaz à absorber;

3° la communication du mesureur avec l'absorbeur à CO^2;

4° la communication du mesureur avec l'absorbeur à O.

Il se compose d'un robinet R en verre massif percé

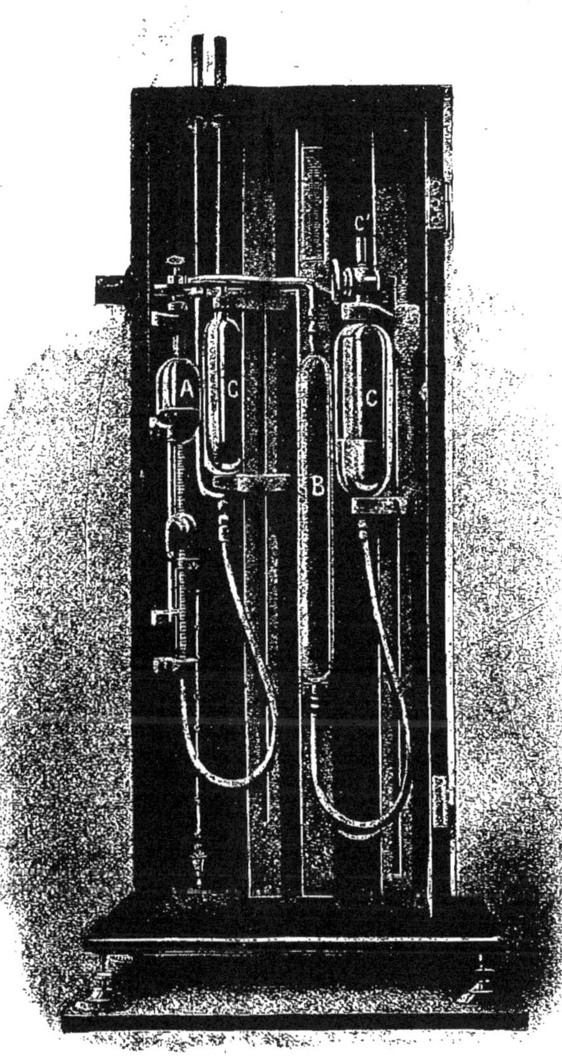
C'
A
C
C
B

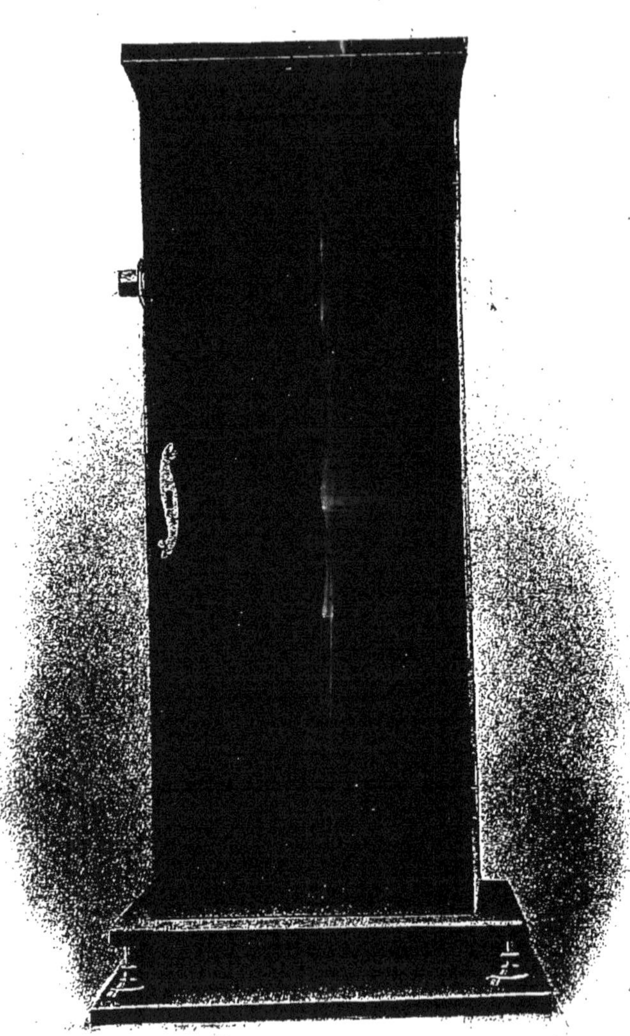

dans son épaisseur d'un canal coudé, comme il est indiqué dans la coupe de la figure, page 29.

Le boisseau, sur lequel il est rodé, se trouve dans le prolongement même du tube mesureur, et est percé de trois voies, indiquées dans le plan.

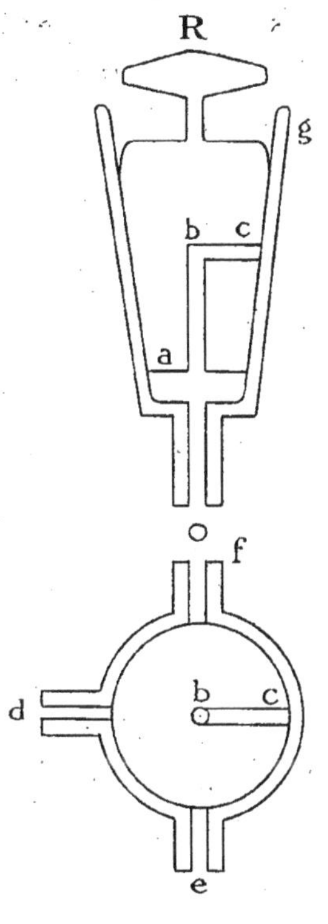

d mettant en communication avec l'air expiré.

e avec l'absorbeur à CO^2.

f avec l'absorbeur à O.

Dans la figure, le conduit *b-c* se trouve fermé et le gaz contenu dans le mesureur est isolé; mais on comprend pourtant que par une simple rotation, le robinet permette la communication du dit mesureur :

1° avec la provision de gaz expiré;

2° avec l'absorbeur à CO^2;

3° avec l'absorbeur à O.

Le boisseau a été prolongé au-dessus du robinet en *g*, de façon à obtenir une fermeture hydraulique, dès qu'on met un peu d'eau dans le rebord obtenu.

§ 2. *Détail du mesureur.* — Le mesureur a été construit de façon à contenir exactement 100 cc. entre le vide du robinet donné par la paroi du boisseau et un trait gravé à la partie inférieure. L'absorption des volumes de CO^2 et de O ne varie que dans des limites assez restreintes. Celle de CO^2 ne dépasse pas 5 cc. Celle de CO^2+O n'est jamais inférieure à 19 cc. et supérieure à 22 cc. Il est donc possible d'éviter une graduation générale ; c'est seulement de 0 à 5 cc. et de 19 à 22 cc. que se trouve une graduation en 1/20 de cc.

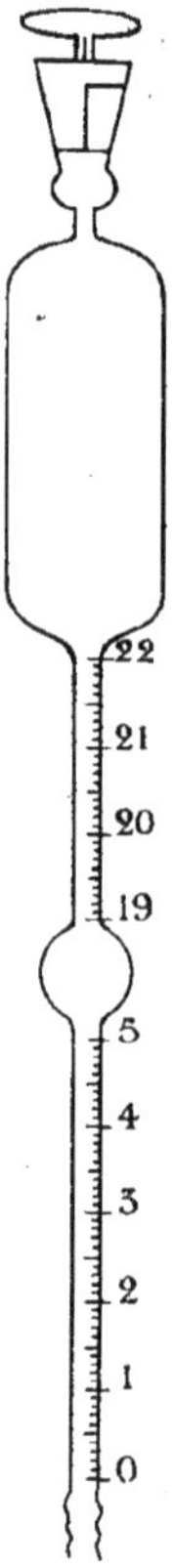

La tube C (voir figure p. 28) rempli d'eau et mobile communique avec le mesureur par un tuyau en caoutchouc. Son mouvement, de bas en haut ou de haut en bas, permet de remplir le mesureur de gaz ou de l'expulser.

§ 3. *Détail des absorbeurs.* — L'absorption de CO^2 et O s'effectue dans deux tubes remplis de billes, imprégnées de liquide absorbant.

Le liquide est, pour absorber CO^2, une solution de potasse caustique. Liébig indique la densité de 1,27 comme convenant le mieux pour cette absorption. Nous avons reconnu dans notre cas qu'une solution de potasse caustique de 1,3 de densité convient parfaitement pour avoir une absorption rapide et complète. Nous employons la potasse caustique à l'alcool, dissoute dans de l'eau distillée. On décante la liqueur qui surnage.

Le liquide employé pour absorber O est, ici, une solution d'acide pyrogallique dans la potasse, utilisée dans ce but par un grand nombre d'auteurs. Ce mode d'absorption est généralement considéré comme paresseux et incomplet; du moins nous avons entendu ces objections dans la bouche d'un certain nombre de chimistes usant de ce réactif. Pour nous, au contraire, nous avons observé que l'absorption se trouve complète après peu de temps. Nous ne saurions dire si le résultat obtenu tient à la concentration de la solution ou à la disposition de la surface absorbante formée de billes, ou encore au dispositif que nous avons adopté pour que celles-ci soient constamment imprégnées de réactif neuf.

Ce dispositif consiste dans l'emploi de boules mobiles contenant la solution absorbante. Ces boules, ou réservoirs, ont un double emploi : élevées ou abaissées, elles servent d'abord à appeler dans les absorbeurs le gaz à analyser ou à le chasser. Elles renouvellent à chaque opération le réactif qui recouvre la surface des billes. L'absorption est donc constante et ne subit jamais de variation du fait de l'absorption préalable de CO^2.

Un perfectionnement pratique pour la conservation des solutions et pour éviter leur altération à l'air est de les recouvrir d'une couche d'huile de pétrole aux endroits où ils sont en contact avec l'atmosphère.

Quant à l'oxygène, nous l'absorbons, comme il est dit plus haut, par une solution de pyrogallate de potasse. Nous avons observé qu'un mélange fortement alcalin avait une puissance beaucoup plus grande et surtout plus rapide que la solution à 6 %, comme le conseillent généralement les traités de chimie.

Voici la méthode que nous employons pour arriver à obtenir un mélange à l'abri de l'air, c'est-à-dire en dehors de toute oxydation inutile. Sur un filtre placé dans un entonnoir et rempli d'acide pyrogallique, nous versons la quantité nécessaire d'eau distillée. Nous couvrons le filtratum obtenu dans le réservoir qui lui est destiné dans notre analyseur, d'une légère couche d'huile de pétrole, et nous projetons dans le soluté une certaine quantité de potasse caustique à l'alcool, en surveillant l'échauffement causé par l'hydratation.

Une nouvelle quantité d'acide pyrogallique comme de nouvelles portions de potasse renforcent la solution. Un peu d'habitude permet d'obtenir un mélange à puissance d'absorption très rapide et très grande. Cette préparation peut servir, en effet, pour un nombre indéfini d'analyses, si on a soin d'en entretenir la vigueur par le procédé ci-dessus.

B. Série des opérations a effectuer pour l'analyse. — α) *Mesure du volume du gaz à analyser* : Le gaz expiré est mis, au moyen d'un tube en caoutchouc, en communication avec le mesureur par l'intermédiaire du robinet R. Avant de relier le tube en caoutchouc de réservoir à gaz expiré on prend la précaution d'en chasser l'air par le gaz expiré lui-même. Le robinet R étant fermé et le mesureur plein d'eau, on abaisse le réservoir mobile C, puis on ouvre le robinet R qui permet à l'analyseur de se remplir de gaz expiré à analyser. On manœuvre le réservoir mobile de façon à ce que le niveau de l'eau dans ce dernier soit en dessous de la graduation O. A l'air libre et rapidement on porte ce niveau à la graduation O et l'on ferme R, ce qui permet d'avoir une prise exacte de 100 cc. à la pression atmosphérique.

β) *Absorption du gaz carbonique par la potasse* : L'absorbeur à potasse étant plein de la solution absorbante, la boule ou réservoir à potasse placée en bas de sa course de façon à produire l'aspiration, le réservoir C mis au point supérieur de sorte que le gaz du mesureur soit sous pression, on tourne le robinet R *b-c* dans la direction C. Le gaz du mesureur passe sous l'action de la potasse. On l'y laisse en contact pendant quelques minutes, puis en faisant avec les réservoirs la manœuvre inverse à celle indiquée ci-dessus, on ramène le gaz dans le mesureur.

Cette manœuvre est exécutée plusieurs fois jusqu'à ce que au moins deux opérations donnent le même chiffre au mesureur.

Une observation pratique est la suivante : les tubes qui partent du robinet pour aller dans les appareils à absorption ainsi que les canaux percés dans le corps même du robinet sont demi-capillaires, c'est-à-dire que leur volume est négligeable par rapport aux volumes de gaz employés.

Dans nos premiers appareils, nos tubes étaient chaque fois remplis de liquides absorbeurs de façon à respecter l'intégrité du volume des gaz mesurés. Nous avons été conduits à supprimer cette manœuvre délicate par l'usage des soupapes placées à la jonction des tubes abducteurs et des appareils à absorption. De cette façon une petite fraction de l'air échappe, il est vrai, à une première absorption ; mais comme on procède toujours à une seconde et quelquefois à une troisième absorption, il ne se produit aucune erreur de ce fait.

δ) *Absorption du gaz oxygène par l'acide pyrogallique* : L'absorption de l'oxygène s'effectue par la répétition des mêmes opérations que nous venons de décrire pour l'acide carbonique. La seule différence est qu'il faut mettre le robinet R *b-c* dans la direction O (voir page 29).

ε) *Détail de la mesure des volumes de* CO^2 *et de O* : A la suite de ces absorptions, le gaz renvoyé dans le mesureur n'occupe plus 100 volumes. Après absorption de l'acide carbonique, il a perdu un volume qui varie de 1 à 4,5 cc. C'est ce volume qu'il s'agit de connaître exactement. A cet effet, à partir du centième centimètre cube, se trouve un graduateur en 1/20 de cc. Nous avons jugé que cette limite était suffisante pour les opérations cliniques.

Après l'absorption de O, il se produit une diminution de volume qui va de 16 à 20 cc. Pour connaître exactement ce volume, sans donner au tube gradué une longueur exagérée, celui-ci présente après les

5 cc. dont nous venons de parler un renflement correspondant à 10 cc. environ et une partie rétrécie correspondant à une absorption de 16 à 22 cc., laquelle, comme la première, se trouve graduée en 1/20 de cc.

La mesure des volumes exige préalablement que les gaz soient ramenés à la pression atmosphérique, ce qui s'obtient facilement en mettant sur un même plan horizontal le niveau dans le tube mesureur et celui dans le réservoir mobile C.

L'opération doit être rapide, quelques minutes seulement, la pression atmosphérique pouvant varier sensiblement.

La température doit également demeurer constante, il importe donc de placer le ballonnet contenant le gaz à expérimenter et l'appareil dans la même pièce; éviter le soleil, de toucher avec les mains ou de diriger l'haleine sur le mesureur.

Une pratique prolongée et les précautions prises dans la construction de l'appareil nous permettent de dire que ces conditions sont faciles à réaliser.

CHAPITRE III

SIGNIFICATION PHYSIOLOGIQUE DU CHIMISME RESPIRATOIRE QUELQUES DÉTERMINATIONS

C'est au génie de LAVOISIER que nous devons de connaître la relation générale qui relie le chimisme respiratoire et la chaleur animale. En somme, l'animal qui respire est comparable à un morceau de charbon qui brûle dans l'oxygène.

Mais LAVOISIER et ses successeurs croyaient que cette réaction s'effectuait dans un point déterminé de l'économie et au dépens d'une matière définie, et pendant longtemps chimistes et physiologistes cherchèrent la substance qui se brûlait dans l'organisme et le lieu où s'effectuait cette combustion.

Aujourd'hui, si le sens général du phénomène reste conforme aux vues de LAVOISIER, le détail semble infiniment plus compliqué que ne le supposait cet illustre savant.

Ce n'est pas un bloc de houille, ni même un composé hydrocarboné qui brûle, mais l'animal lui-même, c'est-à-dire un ensemble anatomiquement et chimiquement complexe. Les êtres supérieurs sont des agrégats d'êtres élémentaires de fonctions et de constitution variées. Un terrassier qui travaille brûle ses muscles, un homme de cabinet, son cerveau. Cette combustion produit non seulement de l'acide carbonique, mais aussi de l'acide sulfurique, de l'acide phosphorique.

De plus l'oxydation n'atteint pas d'emblée son summum. Entre les matériaux à comburer et les produits ultimes de la combustion, s'intercalent un nombre considérable de termes, étapes intermédiaires.

L'absorption de l'oxygène et le dégagement d'acide carbonique par le poumon sont donc la résultante d'une infinité d'actes distincts qui ont pour théâtre les éléments anatomiques; c'est ce qu'on appelle actuellement la respiration des tissus. Chacune de ces respirations élémentaires étant elle-même toute une chaîne d'actes chimiques, dont nous ne percevons que le commencement et la fin.

Les lois du chimisme respiratoire ne sauraient donc être d'une grande simplicité. Il est clair que les coefficients d'un obèse ou ceux d'un diabétique, qui font en excès de la graisse ou du glucose, ne sont pas les mêmes que ceux d'un hectique qui brûle ses tissus. Mais c'est précisément par ce point que ces recherches intéressent la physiologie et la pathologie.

MESURE DU CHIMISME RESPIRATOIRE
QUOTIENT RESPIRATOIRE

La composition de l'air normal étant constante et connue, le problème consiste uniquement dans l'analyse chimique de l'air expiré. On détermine la proportion du gaz carbonique contenu et celle de l'oxygène, ou plus exactement la diminution de ce dernier par rapport à l'air normal. Ces déterminations se font en volumes et sont rapportées à 100.

On sait que, si l'on brûle du charbon dans l'oxygène, le volume total ne change pas; chaque volume d'oxygène disparu étant remplacé par un égal volume d'acide carbonique produit :

$$C + O^2 = CO^2$$
$$\text{2 vol.} \qquad \text{2 vol.}$$

On voit que si le chimisme respiratoire était une simple combustion de carbone, en appelant

CO^2 le volume % d'acide carbonique produit,

O le volume % d'oxygène disparu,

on devrait toujours avoir :

$$CO^2 = O$$

ou

$$CO^2/O = 1$$

Il n'en est pas ainsi : on a généralement :

$$CO^2 < O$$

ou

$$CO^2/O < 1$$

exceptionnellement,

$$CO^2 > O$$
$$CO^2/O > 1$$

Le rapport CO^2/O est dit *quotient respiratoire.*

Voici maintenant quelques déterminations effectuées avec notre appareil :

PHYSIOLOGIE

1° *Influence des respirations profondes* :

	CO^2	O	CO^2/O
P. C., 38 ans, respiration normale.	3.15	3.6	0.875
» » » » profonde.	3.8	3,9	0.987
» » » » normale.	3.55	3.	0.875
» » » » »	3.15	3.6	0.875
» » » » profonde.	3.85	3.9	0.987
» » » » »	3.85	3.9	0.987

On voit qu'en augmentant la surface de contact du gaz avec la muqueuse pulmonaire, les inspirations profondes augmentent CO^2 et O en valeur absolue CO^2 plus que O; ce qui fait que le rapport CO^2/O se trouve généralement augmenté.

2° *Influences cycliques.* — L'homme est soumis dans les 24 heures à des conditions qui varient en se reproduisant chaque jour. Certaines de ces conditions paraissent de nature à influencer le quotient respiratoire, par exemple, l'état de veille ou de repos, l'exercice physique, le repas, le jeûne, etc. Il est donc à présumer que le chimisme respiratoire montrera des variations cycliques. Dans le but de les déterminer, nous avons pris un certain nombre de sujets dont nous avons suivi le quotient respiratoire des journées entières :

	CO^2	O	CO^2/O
a) 7 heures du matin	4	4.65	0.817
9 » » »	3.5	4.1	0.853
13 » » »	3.3	3.8	0.868
15 » » »	3	3.5	0.995
19 » » »	3.1	3.45	0.898
b) 7 » » »	4.1	4.45	0.931
10 » » »	4.05	4.4	0.920
12 » » »	3.15	2.95	1.067
15 » » »	4.1	4.5	0.911
19 » » »	4	4.35	0.919

L'existence des variations cycliques n'est pas douteuse; mais la loi de ces variations paraît différente suivant les sujets. Chez le premier, la proportion de CO^2 et O diminue régulièrement du matin au soir; chez le deuxième, cette diminution se fait à midi seulement. O diminue plus que CO^2, ce qui fait que le quotient respiratoire diminue lui-même. Il resterait à étudier l'influence des repas.

Quoi qu'il en soit, si l'on veut comparer des sujets différents, ou seulement suivre l'observation d'un sujet donné, il faudra adopter pour les expériences une période uniforme de la journée, par exemple le matin, avant ou après les repas, etc.

3° *Influence de l'âge.* — Il est à prévoir que l'âge doit aussi influer sur le chimisme respiratoire. Voici les coefficients fournis par un certain nombre de personnes diverses rangées par ordre d'âge :

	CO	O	CO^2/O
F. V., 9 ans	1.35	1.35	1.000
C. G.,	3.7	3.15	1.174
A. M., 19 ans	3.6	3.4	1.058
E. V., 19 ans	4.05	4.07	0.936
R. T., 28 ans	3.7	4.25	0.870
P. C., 28 ans	3.9	4.3	0.906
C.-J. V., 42 ans	2.2	2.6	0.758

Il semble que le coefficient respiratoire diminue avec l'âge.

PATHOLOGIE

4° *Phtisie pulmonaire.* — Les travaux du professeur A. Robin donnent une importance considérable au chimisme respiratoire dans la phtisie pulmonaire. « Il y a toujours exagération des échanges respiratoires ». Il entend par là qu'il y a :

augmentation dans la quantité de l'air expiré 60 %;
» » l'acide carbonique 64 %;
» » l'oxygène consommé 70 %;
» » les quantités absolues.

... *Un premier fait : les phtisiques consomment plus d'oxygène et fabriquent plus d'acide carbonique par kilogramme de poids et par minute de temps que des individus sains ; cet accroissement est dû, tout entier, à la ventilation pulmonaire.*

Le deuxième fait consiste dans une augmentation de l'oxygène consommé par les tissus et ne servant pas à la formation de l'acide carbonique, mais bien à la formation de l'eau des hydratations et à l'évolution des matières azotées, ce qui aboutit à une diminution du quotient respiratoire.

Le troisième fait est la diminution de la capacité respiratoire ou mieux de l'expiration maxima qu'on la considère dans ses chiffres absolus ou par rapport aux centimètres de taille du sujet.

OBSERVATIONS	CO^2	O	CO^2/O
Salle St-Louis N° 10, St-Sauveur	2.85	2.09	0.980
» » N° 9, »	2.75	3.06	0.899
» » » »	3.06	3.08	0.992
Jeune fille, 12 ans, pâle	1.9	1.7	1.117
Dispensaire Roux			
Garçon, 18 ans, Bacilles	4.05	3.85	1.051
Garçon, 13 ans, ne crache pas ..	3.15	3.00	1.050
Garçon, 21 ans, maladie au début	3.25	3.00	0.984

5° *Diabète sucré* : Service du professeur COMBEMALE.

	CO^2	O	CO^2/O
1er mai 1912, femme de 60 ans, 160 gr. de sucre.	2.6	2.8	0.918
2 » » 160 gr..	2.65	2.9	0.982
3 » » 170 gr..	2.65	2.85	0.919
5 » » 180 gr..	2.05	2.35	0.871
A. D. homme de 64 ans	3.45	4.65	0.741
5 nov. 1912 A. L., hom. de 62 ans	3.90	4.73	0.825

Ces mesures sont données à titre d'exemples seulement et comme application de notre appareil. Elles démontrent suffisamment l'intérêt que présentent ces déterminations en physiologie et en pathologie.

Assurément, les premiers résultats sont un peu confus. Les lois du chimisme respiratoire sont sans doute très compliquées ; mais la Science doit venir à bout de les débrouiller. En tout cas, le rôle du constructeur est de fournir aux chercheurs un instrument commode et précis. C'est le but que nous nous sommes proposés dans ce travail.

LILLE. — IMPRIMERIE LE BIGOT FRÈRES, RUE NICOLAS-LEBLANC, 25.

www.ingramcontent.com/pod-product-compliance
Ingram Content Group UK Ltd.
Pitfield, Milton Keynes, MK11 3LW, UK
UKHW020407220726
13923UKWH00004B/1786

9 782329 010076